Gebäudeautomation

Jetzt diesen Titel zusätzlich als E-Book downloaden und 70 % sparen!

Als Käufer dieses Buchtitels haben Sie Anspruch auf ein besonderes Kombi-Angebot: Sie können den Titel zusätzlich zum Ihnen vorliegenden gedruckten Exemplar für nur 30 % des Normalpreises als E-Book beziehen.

Der BESONDERE VORTEIL: Im E-Book recherchieren Sie in Sekundenschnelle die gewünschten Themen und Textpassagen. Denn die E-Book-Variante ist mit einer komfortablen Volltextsuche ausgestattet!

Deshalb: Zögern Sie nicht. Laden Sie sich am besten gleich Ihre persönliche E-Book-Ausgabe dieses Titels herunter.

In 3 einfachen Schritten zum E-Book:

❶ Rufen Sie die Website **www.beuth.de/e-book** auf.

❷ Geben Sie hier Ihren persönlichen, nur einmal verwendbaren E-Book-Code ein:

25844DD131D36KK

❸ Klicken Sie das „Download-Feld" an und gehen dann weiter zum Warenkorb. Führen Sie den normalen Bestellprozess aus.

Hinweis: Der E-Book-Code wurde individuell für Sie als Erwerber dieses Buches erzeugt und darf nicht an Dritte weitergegeben werden. Mit Zurückziehung dieses Buches wird auch der damit verbundene E-Book-Code für den Download ungültig.

Gebäudeautomation

Jörg Balow

Gebäudeautomation

Kommentar zur VOB/C: ATV DIN 18386

1. Auflage 2017

Herausgeber:
DIN Deutsches Institut für Normung e. V.

Beuth Verlag GmbH · Berlin · Wien · Zürich

Herausgeber: DIN Deutsches Institut für Normung e. V.

© 2017 Beuth Verlag GmbH
Berlin · Wien · Zürich
Am DIN-Platz
Burggrafenstraße 6
10787 Berlin

Telefon: +49 30 2601-0
Telefax: +49 30 2601-1260
Internet: www.beuth.de
E-Mail: kundenservice@beuth.de

Die im Werk enthaltenen Inhalte wurden von Verfasser und Verlag sorgfältig erarbeitet und geprüft. Eine Gewährleistung für die Richtigkeit des Inhalts wird gleichwohl nicht übernommen. Der Verlag haftet nur für Schäden, die auf Vorsatz oder grobe Fahrlässigkeit seitens des Verlages zurückzuführen sind. Im Übrigen ist die Haftung ausgeschlossen.

Titelbild: © Dainis Derics, Benutzung unter Lizenz von shutterstock.com
Satz: B & B Fachübersetzergesellschaft mbH, Berlin
Druck: COLONEL, Kraków
Gedruckt auf säurefreiem, alterungsbeständigem Papier nach DIN EN ISO 9706

ISBN 978-3-410-25844-5
ISBN (E-Book) 978-3-410-25845-2

Autorenporträt

Jörg Balow, VDI, EUR ING, staatl. anerkannter Betriebs-
wirt

Leiter Elektrotechnik und Gebäudeautomation, Arup
Deutschland GmbH

Jörg Balow sammelte bisher seine Erfahrungen in über
20 Jahren Berufstätigkeit im technischen Betrieb von
Gebäuden, in einem internationalen Planungsbüro und
in ausführenden Generalunternehmen der TGA. Er ist
Autor des Buches „Systeme der Gebäudeautomation"
und langjähriger Schulungsleiter beim VDI-Wissens-
forum. Herr Balow unterstützte die Beuth-Hochschule in Berlin im Rahmen
eines Lehrauftrages und als Mitglied einer Berufungskommission. Seit einiger
Zeit ist Herr Balow Vorsitzender der VDI-Richtlinien 6010 Blatt 1 bis Blatt 4 und
VDI 3814 Blatt 4, er leitet den Arbeitskreis AK 070 Gebäudeautomation beim
GAEB, unterstützte die Überarbeitung der AMEV Gebäudeautomation 2017, war
an der Überarbeitung der ATV DIN 18386 beteiligt und arbeitet an der neuen
VDI-Richtlinienreihe 3814 aktiv mit. Herr Balow ist Mitglied im Fachbeirat TGA
sowie im Fachausschuss Elektrotechnik und Gebäudeautomation des VDI und
Beiratsmitglied der Gesundheitstechnischen Gesellschaft in Berlin.

Vorwort

Die Gebäudeautomation (GA) hat sich in den letzten drei Jahrzehnten inner-halb der Technischen Gebäudeausrüstung als eigenes Gewerk herausgebildet. Durch die Bildung einer eigenen Kostengruppe nach DIN 276 wurde Ende des letzten Jahrtausends eine eigene Allgemeine Technische Vertragsbedingung notwendig, die dann 1996 in die VOB Teil C integriert wurde. Heute ist die Gebäudeautomation innerhalb des Bauwesens ein eigenständiges Gewerk mit der Kostengruppe 480 in der DIN 276, mit eigener Anlagengruppe in der HOAI und der im Jahr 2015 überarbeiteten Allgemeinen Technischen Vertragsbedin-gung DIN 18386, für die hier mit diesem Werk ein neuer Kommentar vorliegt.

Die Gebäudeautomation ist Bindeglied zwischen vielen Systemen in einem Gebäude (siehe Abb. 1).

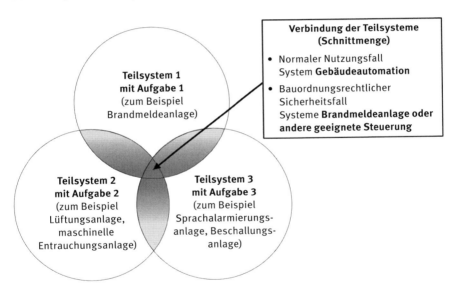

Abb. 1: Beispiel für das Zusammenwirken von Teilsystemen im Gebäude innerhalb eines Gesamtsystems

Aus diesem Grund stellt die Gebäudeautomation die Gesamtfunktion eines Gebäudes sicher und ist damit ein wesentlicher Faktor, der über das Funk-tionieren eines Gebäudes mit seinen Systemen entscheidet. Bei der Überarbei-tung der ATV DIN 18386 wurde genau das berücksichtigt und die wichtigsten normativen Grundlagen sowie eine nach Funktionen der GA orientierte Abrechnung integriert. Mit der Überarbeitung wurde die Norm an die Entwicklung des Baugeschehens fachtechnisch angepasst. Der letzte vorliegende Kommentar der ATV DIN 18386 stammt aus dem Jahr 2001, geschrieben von meinen sehr geschätzten Branchenkollegen Herrn Lang, Herrn Baumann und Herrn Brickmann. An dieser Stelle nochmals vielen Dank für die Unterstützung beim Start dieses Projektes an die vorgenannten Autoren.

Im Weiteren vielen Dank an den Hauptausschuss Hochbau für die zielstrebige Behandlung und die kurzfristige Verabschiedung der ATV DIN 18386 sowie an Herrn Dipl.-Ing. Johannes Nolte, Vorsitzender des Hauptausschusses Hochbau, an Herrn Dipl.-Ing. Thomas Müller, stellvertretender Geschäftsführer des VDMA, an Frau Martina Kliemchen von DIN und an die Mitglieder des Arbeitsausschusses der ATV DIN 18386 für ihre fachkompetente Unterstützung sowie an Rechtsanwalt Ralf Kemper von KNH Rechtsanwälte aus Berlin und Hans Kranz aus Forst für die Durchsicht des Manuskriptes.

Neuenhagen, im März 2017 Jörg Balow

Inhaltsverzeichnis

Teil I   Einführung in die ATV DIN 18386

Grundsätzlich gilt in Deutschland bei Verträgen das BGB. Bei Bauverträgen wird nicht nur in öffentlichen Bauvorhaben oft die VOB/B zusätzlich als Vertragsgrundlage vereinbart, um zusätzliche Regelungen neben dem BGB für bauspezifische Sachverhalte gemeinsam zu vereinbaren. Die VOB/B gilt als ausgewogenes Vertragswerk und kann direkt, ohne zusätzliche Vertragstexte zwischen Auftraggeber (AG) und Auftragnehmer (AN) vereinbart werden.

Der öffentliche Auftraggeber muss die Vergabe von öffentlichen Bauleistungen nach VOB Teil A vornehmen, so dass die VOB Teil B und VOB Teil C automatisch Bestandteile des Bauvertrages werden. Ein privater Auftraggeber hat diese Verpflichtung nicht (Vertragsfreiheit), wobei bei jedem Vertrag – also auch bei einem privaten Bauvertrag nach BGB – eine Ausgewogenheit zwischen Rechten und Pflichten des AG und des AN vorhanden sein muss. Wenn ein reiner VOB-Vertrag abgeschlossen wird, sind die Rechten und Pflichten des AG und AN für den jeweiligen Vertragspartner ausgewogen vereinbart. Mit dem Abschluss eines VOB-Vertrages gelten die Regelungen der VOB Teil B und der VOB Teil C.

In Deutschland wurde die Gebäudeautomation (GA) über einen langen Zeitraum mit anderen Gewerken wie z. B. Heizung oder Lüftung zusammen ausgeschrieben und beauftragt, da es keine Kostengruppe in der DIN 276, keine Anlagengruppe in der HOAI sowie keine VOB Teil C für die Gebäudeautomation gab. Heute ist die Gebäudeautomation in der DIN 276 mit der Kostengruppe 480, in der HOAI mit der Anlagengruppe 8 und in der VOB Teil C mit der ATV DIN 18386 vertreten. Da die Komplexität der Gebäudeautomation immer mehr zugenommen hat, war diese Entwicklung unabdingbar. Die ATV DIN 18386 regelt seit 1992 die Vertragsbedingungen der Gebäudeautomation in einem VOB-Vertrag und ergänzt die ATV DIN 18299 „Allgemeine Regelungen für Bauarbeiten jeder Art". Die ATV DIN 18299 ist die Basis, die folgenden ATV DIN sind die Ergänzung für die einzelnen Leistungsbereiche (Gewerke).

Hinweise zum Lesen der Kommentierung

Je Abschnitt der VOB Teil C wird als Erstes die ATV DIN 18299 aus Sicht der Gebäudeautomation (GA) kommentiert, nachfolgend der entsprechende Abschnitt der ATV DIN 18386.

Die Originaltexte der ATV DIN 18299 und ATV DIN 18386 sind in grau den jeweiligen Kommentierungen vorangestellt. Hinweise des Autors sind in normaler Schrift des Buches dargestellt und stehen hinter den grauen Originaltexten.

Je nach Länge des Kapitels werden die Originaltexte in sinnvolle Abschnitte unterteilt und mit Kommentierungen versehen. Im Anschluss folgt der nächste Abschnitt des Kapitels inkl. Kommentierung.

Beispiel eines grau hinterlegten Originaltextes aus der Richtlinie (siehe Kapitel 0.1a):

> **0.1.1** *Lage der Baustelle, Umgebungsbedingungen, Zufahrtsmöglichkeiten und Beschaffenheit der Zufahrt sowie etwaige Einschränkungen bei ihrer Benutzung.*

Für die Gebäudeautomation sind diese Angaben zwingend erforderlich, da diese Angaben für die Anlieferung und Einbringung von Schaltschränken, Feldgeräten, Kabeln und anderen Materialien dazu dienen, die Erschwernisse für die Einbringung und Anlieferung von Komponenten der Gebäudeautomation kalkulieren zu können.

Teil II   Kommentierung der ATV DIN 18299 und 18386

0   Hinweise für das Aufstellen der Leistungsbeschreibung

> *0   Hinweise für das Aufstellen der Leistungsbeschreibung*
>
> *Diese Hinweise ergänzen die ATV DIN 18299 „Allgemeine Regelungen für Bauarbeiten jeder Art", Abschnitt 0. Die Beachtung dieser Hinweise ist Voraussetzung für eine ordnungsgemäße Leistungsbeschreibung gemäß §§ 7 ff., §§ 7 EU ff. beziehungsweise §§ 7 VS ff. VOB/A.*
>
> *Die Hinweise werden nicht Vertragsbestandteil.*

Auf Grundlage der ATV DIN 18299 werden in der ATV DIN 18386 für die Gebäudeautomation weiterführende und notwendige Angaben gefordert. Die Leistungsbeschreibung ist einer der wichtigsten Teile eines Bauvertrages. Sie beschreibt die Anforderungen an Qualität und den Umfang an die zu erbringende Bauleistung. Nach § 7 Absatz 1 Nummer 1 VOB/A ist die Bauleistung so eindeutig und erschöpfend zu beschreiben, dass alle Unternehmen die Beschreibung im gleichen Sinne verstehen und die Preise dafür sicher und ohne umfangreiche Vorarbeiten berechnen können.

Gemäß § 1 Absatz 2 VOB/B gilt bei Widersprüchen folgende Reihenfolge der Vertragsbestandteile, wobei die erste Stellung der Leistungsbeschreibung ihre besondere Bedeutung unterstreicht:

1) die Leistungsbeschreibung,

2) die Besonderen Vertragsbedingungen,

3) etwaige Zusätzliche Vertragsbedingungen,

4) etwaige Zusätzliche Technische Vertragsbedingungen,

5) die Allgemeinen Technischen Vertragsbedingungen für Bauleistungen (d. h. die VOB/C mit den DIN 18299 und 18386),

6) die Allgemeinen Vertragsbedingungen für die Ausführung von Bauleistungen (d. h. die VOB/B).

Die Hinweise des Abschnittes 0 ATV DIN 18299 ff. werden nicht Vertragsbestandteil, haben aber eine hohe Bedeutung für die vollständige Beschreibung der Leistung, da bei Widersprüchen die Leistungsbeschreibung das ranghöchste Dokument ist. Gemäß § 7 Absatz 1 Nummer 7 VOB/A sind bei Erstellung einer Leistungsbeschreibung für einen VOB-Bauvertrag die „Hinweise für das Aufstellen der Leistungsbeschreibung – in Abschnitt 0 der Allgemeinen Technischen Vertragsbedingungen für Bauleistungen, DIN 18299 ff." zu beachten. Der Bieter verpflichtet sich mit Vertragsabschluss, die in der Leistungsbeschreibung beschriebene Bauleistung zu dem von ihm angebotenen Preis auszuführen. Der Abschnitt 0 der ATV DIN 18299 und an dieser Stelle für die Gebäudeautomation der Abschnitt 0 ATV DIN 18386 stellen damit für die Erstellung einer Leistungsbeschreibung nach VOB eine der wichtigsten Vorgaben dar.

In der Leistungsbeschreibung sind nach den Erfordernissen des Einzelfalls insbesondere anzugeben:

Die Formulierung „nach den Erfordernissen im Einzelfall" zeigt auf, dass für jedes Bauvorhaben alle Inhalte und Vorgaben anzugeben sind, die den Bieter in die Lage versetzen, für dieses Bauvorhaben sicher zu kalkulieren.

0.1   Angaben zur Baustelle

0.1   Angaben zur Baustelle

Die notwendigen Angaben zur Baustelle sind Angaben, die für eine sichere Kalkulation benötigt werden, insbesondere um schwierige Umstände der Baustellensituation richtig einschätzen und kalkulieren zu können. Je nach Gewerk und Baustellensituation sind die in Abschnitt 0.1.xx ATV DIN 18299 ff. genannten Angaben in der Leistungsbeschreibung anzugeben, wenn sie für eine sichere Kalkulation erforderlich sind.

0.1.a   ATV DIN 18299

0.1.1   Lage der Baustelle, Umgebungsbedingungen, Zufahrtsmöglichkeiten und Beschaffenheit der Zufahrt sowie etwaige Einschränkungen bei ihrer Benutzung.

Für die Gebäudeautomation sind diese Angaben zwingend erforderlich, da diese für die Anlieferung und Einbringung von Schaltschränken, Feldgeräten, Kabeln und anderen Materialien dazu dienen, die Erschwernisse für die Einbringung und Anlieferung von Komponenten der Gebäudeautomation kalkulieren zu können.

0.1.2   Besondere Belastungen aus Immissionen sowie besondere klimatische oder betriebliche Bedingungen.

Um eventuelle Schutzmaßnahmen oder erschwerte Arbeitsbedingungen sicher kalkulieren zu können, sind in der Leistungsbeschreibung besondere Belastungen aus Immissionen und besondere klimatische oder betriebliche Bedingungen zu benennen. Beispielsweise können Umgebungsbedingungen Auswirkungen auf den Aufbau von Schaltschränken und bei eingesetzten Feldgeräten haben (Temperatur, Feuchte etc.).

0.1.3   Art und Lage der baulichen Anlagen, z. B. auch Anzahl und Höhe der Geschosse.

Alle Anlagen, die mit der Gebäudeautomation verbunden sind, sind örtlich zu beschreiben, um den Bieter in die Lage zu versetzen, sich für die Kalkulation ein umfassendes Bild von der Baustelle zu machen. Die Höhenangaben dienen auch in Ergänzung zu Abschnitt 0.1.1 ATV DIN 18299 zur Beurteilung der horizontalen und vertikalen Zuwegungen im Gebäude. Durch die Beschreibung der jeweiligen Technikzentralen wird der Bieter in die Lage versetzt, die Einbringung und die Aufstellung bzw. die Montageorte der Baustelle für die Kalkulation sowie den Zusammenhang der örtlichen Situation und der Vernetzung der Komponenten der GA richtig einzuschätzen.

0.1.4   Verkehrsverhältnisse auf der Baustelle, insbesondere Verkehrsbeschränkungen.

Weiterführend zum Abschnitt 0.1.1 ATV DIN 18299 werden im Abschnitt 0.1.4 ATV DIN 18299 Angaben zu den Verkehrsverhältnissen bzw. zu Verkehrsbeschränkungen gefordert. Die Gebäudeautomation liefert Schaltschränke meist über Lastkraftwagen an und die Einbringung erfolgt über Baustellenzugänge. So kann es möglich sein, dass eine Zufahrt auf die Baustelle nicht vorhanden ist, Einschränkungen für Lastkraftwagen bestehen oder Einbringungen nur über Kräne realisierbar sind. Der Bieter wird mit diesen Angaben in die Lage versetzt, eventuell zusätzliche Maßnahmen zur Einbringung von Komponenten der GA zu erkennen und zu kalkulieren.

0.1.5 *Für den Verkehr freizuhaltende Flächen.*

Auf Baustellen kann es z. B. in öffentlichen Bereichen geforderte Mindest-abstände zu Bahnstrecken, zu Straßen zu Hochspannungsleitungen oder anderen gefährdenden Teilen von Anlagen geben. Der Bieter muss über diese Beschränkungen im Rahmen der Leistungsbeschreibung informiert werden, damit die richtigen Werkzeuge und Gerätschaften (z. B. Kräne zum Einbringen von Schaltschränken) einkalkuliert werden können und es nicht im Nachhinein durch fehlende Angaben zu Unterbrechungen des Bauablaufes oder zu nach-träglich anzubietenden Leistungen kommt.

0.1.6 *Art, Lage, Maße und Nutzbarkeit von Transporteinrichtungen und Transportwegen, z. B. Montageöffnungen.*

Damit der Ausführende bei der Kalkulation eventuelle vorhandene Transport-mittel berücksichtigen kann, sind Angaben zu ggf. vorhandenen Transport-mitteln zwingend nötig. Für den Bauherrn bedeutet eine effektive Nutzung der Transportmittel eine Ersparnis. Die Angabe von Transportwegen ist neben den Abschnitten 0.1.1 ATV DIN 18299 und 0.1.4 ATV DIN 18299 eine Hilfe, die Kos-ten für den Bauherrn zu optimieren, da der Ausführende seine Aufwendungen bei Angabe von exakten Transportwegen sehr genau kalkulieren kann.

0.1.7 *Lage, Art, Anschlusswert und Bedingungen für das Überlassen von An-schlüssen für Wasser, Energie und Abwasser.*

Um sicher Anschlussbedingungen an andere Gewerke kalkulieren zu können, ist eine Angabe zu den Schnittstellen zwingend erforderlich. Für jeden Schaltschrank müssen die elektrischen Anschlussbedingungen beschrieben werden (z. B. durch Leistungspositionen und einen ergänzenden Text). Auch notwendige Kühl- und Heizleistungen müssen in der Leistungsbeschreibung kalkulierbar ausgeschrieben sein. Dazu gehören auch eventuell notwendige Schnittstellen zu den Gewerken Heizung und Lüftung.

0.1.8 *Lage und Ausmaß der dem Auftragnehmer für die Ausführung seiner Leistungen zur Benutzung oder Mitbenutzung überlassenen Flächen und Räume.*

Der Bieter kann durch die Nutzung vorhandener Flächen z. B. für Aufenthalts-
räume oder Lagerflächen geringere Kosten bei der Angebotsabgabe zum An-
satz bringen, wenn ihm der Bauherr vorhandene Flächen auf der Baustelle zur
Verfügung stellen kann.

0.1.9   Bodenverhältnisse, Baugrund und seine Tragfähigkeit. Ergebnisse von Bodenuntersuchungen.

Wenn Materialien mit hohem Gewicht eingebracht werden sollen, sind entsprechende Hilfsmittel in den Angaben der Leistungsbeschreibung zu berücksichtigen oder dem Bieter ist mit einer ausführlichen Leistungsbeschreibung die
Situation so zu beschreiben, dass er alle notwendigen Informationen besitzt,
um anbieten zu können (für die Gebäudeautomation kann dieser Sachverhalt
z. B. bei Kabeltrommeln oder Schaltschränken zutreffen).

0.1.10   Hydrologische Werte von Grundwasser und Gewässern. Art, Lage, Abfluss, Abflussvermögen und Hochwasserverhältnisse von Vorflutern. Ergebnisse von Wasseranalysen.

Angaben zu Grundwasser und Gewässern sind für das Gewerk Gebäudeautomation nicht relevant. Sollten Angaben aus den Prämissen gemäß
ATV DIN 18299 Abschnitt 0.1.10 hervorgehen, sind diese in der Leistungsbeschreibung eindeutig zu beschreiben.

0.1.11   Besondere umweltrechtliche Vorschriften.

Wenn für die Angebotsabgabe besondere umweltrechtliche Vorschriften zu berücksichtigen sind, sind diese im Leistungsverzeichnis zu nennen. Bei der Gebäudeautomation können Vorgaben zu verwendenden Materialien notwendig
sein (z. B. halogenfreies Kabel) oder zu entsorgende Materialien, die auf einer
Baustelle vorhanden sind.

0.1.12   Besondere Vorgaben für die Entsorgung, z. B. Beschränkungen für die Beseitigung von Abwasser und Abfall.

Der Ausschreibende muss dem Bieter in der Leistungsbeschreibung eindeutige
Angaben zu ggf. anfallenden Entsorgungen machen, so dass eine sichere

Kalkulation möglich ist. Bei der Gebäudeautomation kann das z. B. vorhandene Schaltschränke und Kabelanlagen betreffen.

> **0.1.13** *Schutzgebiete oder Schutzzeiten im Bereich der Baustelle, z. B. wegen Forderungen des Gewässer-, Boden-, Natur-, Landschafts- oder Immissionsschutzes; vorliegende Fachgutachten oder dergleichen.*

Sollten Schutzgebiete bzw. Schutzzeiten für das Bauvorhaben anzuwenden sein, sind diese in der Leistungsbeschreibung zu berücksichtigen. Es können z. B. auch Beschränkungen durch Kurorte, Krankenhäuser oder Ruhezonen bestehen bzw. können vom Auftraggeber durch gesetzliche Vorgaben Beschränkungen, wie z. B. ein Rauchverbot angewiesen werden. Die Inhalte der Fachgutachten sind in der Leistungsbeschreibung zu berücksichtigen, ein alleiniges Anhängen der Fachgutachten an die Leistungsbeschreibung ist nicht ausreichend, da der jeweilige Bieter diese Inhalte zu seiner Kalkulation abweichend bewerten könnte.

> **0.1.14** *Art und Umfang des Schutzes von Bäumen, Pflanzenbeständen, Vegetationsflächen, Verkehrsflächen, Bauteilen, Bauwerken, Grenzsteinen und dergleichen im Bereich der Baustelle.*

Der Auftraggeber ist verpflichtet, den Baustellenbereich so herzustellen, dass ein behinderungsfreies Arbeiten möglich ist. In der Leistungsbeschreibung ist anzugeben, welche Arbeiten und Aufwendungen ggf. notwendig sind, um keine Schäden an zu schützenden Werten zu verursachen. Für das Gewerk Gebäudeautomation betrifft das meist die Einbringung von Komponenten der Gebäudeautomation.

> **0.1.15** *Im Bereich der Baustelle vorhandene Anlagen, insbesondere Abwasser- und Versorgungsleitungen.*

Sollten Arbeiten im Bereich der Baustelle notwendig sein, ist die Angabe vorhandener Anlagen im Bereich der Baustelle in der Leistungsbeschreibung zwingend erforderlich, so dass der Bieter eventuelle Aufgaben und Aufwendungen kalkulieren kann.

Der Auftraggeber hat die Pflicht der Sicherung gegen Unfallgefahren, damit die Pflicht zur eigenständigen Erkundung eventueller Gefahren und anzugeben, was der Bieter im Bereich der Baustelle für seine Arbeiten zu beachten hat.

Bei der Angabe der vorhandenen Anlagen geht es nicht nur um die Berücksichtigung dieser für einen nicht verzögerten Bauablauf, sondern auch um den Schutz dieser Anlagen.

> ***0.1.16*** *Bekannte oder vermutete Hindernisse im Bereich der Baustelle, z. B. Leitungen, Kabel, Dräne, Kanäle, Bauwerksreste und, soweit bekannt, deren Eigentümer.*

Der Abschnitt 0.1.16 ATV DIN 18299 hat das gleiche Ziel wie Abschnitt 0.1.15 ATV DIN 18299. Die Angaben des Abschnittes 0.1.15 ATV DIN 18299 gelten ergänzend zum Abschnitt 0.1.16 ATV DIN 18299. Die Angaben zu vorhandenen Hindernissen – z. B. Leitungen, Kabel, Dräne, Kanäle, Bauwerksreste – nennen einzelne, noch zu berücksichtigende bauseitige Hindernisse mit dem gleichen Ziel des Abschnittes 0.1.15 ATV DIN 18299. Der Auftragnehmer soll alle notwendigen Arbeiten bei Vorhandensein solcher Hindernisse sicher kalkulieren können. Das kann auch die Angabe für Maßnahmen für zu schützende Bauteile sein. Alle Aufwendungen und Behinderungen müssen durch die getroffenen Angaben einkalkuliert werden können. Alle Angaben zum Eigentümer dienen auch dazu, bei Störfällen den Eigentümer sofort benachrichtigen zu können.

> ***0.1.17*** *Bestätigung, dass die im jeweiligen Bundesland geltenden Anforderungen zu Erkundungs- und gegebenenfalls Räumungsmaßnahmen hinsichtlich Kampfmitteln erfüllt wurden.*

Die in diesem Abschnitt genannte und geforderte Bescheinigung soll für den Bieter sicherstellen, dass der Eigentümer alle notwendigen Maßnahmen zu erforderlichen Erkundungen und Räumungen von Kampfmitteln auf seinem Gelände durchgeführt hat. Für eventuelle Tiefbaumaßnahmen ist damit sichergestellt, dass das Gelände kampfmittelfrei ist.

> ***0.1.18*** *Gegebenenfalls gemäß der Baustellenverordnung getroffene Maßnahmen.*

Der Bauherr hat aufgrund der „Verordnung über Sicherheit und Gesundheitsschutz auf Baustellen" – kurz Baustellenverordnung (BaustellV) genannt –, zumindest bei Vorhandensein Beschäftigter mehrerer Arbeitgeber mindestens einen Koordinator während der Planungs- und Ausführungsphase zu bestellen, wenn er die Aufgabe des Koordinators nicht selber übernimmt. Auch mit Bestellung eines Koordinators wird der Bauherr nicht von seiner Verantwortung entbunden. Durch den Koordinator wird ein Sicherheits- und Gesundheitsschutzplan (SiGePlan) erstellt. Aus dem Plan müssen die für die betreffende Baustelle anzuwendenden Arbeitsschutzbestimmungen und besondere Maßnahmen für besonders gefährliche Arbeiten nach Anhang II BaustellV zu entnehmen sein.

> **0.1.19** *Besondere Anordnungen, Vorschriften und Maßnahmen der Eigentümer (oder der anderen Weisungsberechtigten) von Leitungen, Kabeln, Dränen, Kanälen, Straßen, Wegen, Gewässern, Gleisen, Zäunen und dergleichen im Bereich der Baustelle.*

In der Ausschreibung müssen die besonderen Anordnungen und Vorschriften der Eigentümer und Behörden genannt sein, um den Bieter in die Lage zu versetzen, den sich daraus ergebenen Aufwand bei der Kalkulation richtig zu beurteilen. Darunter fallen z. B. Erschwernisse zum Aufstellen von Containern, Einholen von Genehmigungen bei Eigentümern von Wegen und andere Aufwendungen, die meist als Leistung ausgeschrieben werden.

> **0.1.20** *Art und Umfang von Schadstoffbelastungen, z. B. des Bodens, der Gewässer, der Luft, der Stoffe und Bauteile; vorliegende Fachgutachten oder dergleichen.*

Für das Gewerk Gebäudeautomation ist dieser Punkt der ATV meist für Tiefbauarbeiten (schadstoffbelastete Böden) oder Demontagearbeiten (schadstoffbelastete Stoffe in zu demontierenden Positionen) zu berücksichtigen. So kann nur je Baustelle und Einzelfall beurteilt werden, ob und wie Personen in Kontakt mit Schadstoffen kommen können. Alle notwendigen Maßnahmen werden auch im SiGePlan (siehe Abschnitt 0.1.18 ATV DIN 18299) berücksichtigt und die für die Baumaßnahme erforderlichen Schutzmaßnahmen und Leistungen werden in das Leistungsverzeichnis übernommen. Die Ergebnisse der vorliegenden Fachgutachten sind in der Leistungsbeschreibung zu berücksichtigen. Ein der Leistungsbeschreibung beiliegendes Fachgutachten allein ist nicht ausreichend, da, wie schon im Abschnitt 0.1.13 ATV DIN 18299 erwähnt, jeder Bieter Inhalte von Gutachten abweichend bewerten könnte.

0.1.21 Art und Zeit der vom Auftraggeber veranlassten Vorarbeiten.

Damit der Anbieter sicher kalkulieren kann, ist es erforderlich, Vorleistungen seines Gewerkes, die von anderen Ausführenden erbracht wurden, eindeutig zu benennen und zu beschreiben. Auch auf den Terminplan der Ausführung des Gewerkes haben die Vorleistungen einen wesentlichen Einfluss, die durch den Auftraggeber oder dessen Beauftragten zu koordinieren sind. Sollten Vorarbeiten so ausgeführt sein, dass sie zu Bedenken führen, sind diese gemäß § 4 Absatz 3 VOB/B dem Auftraggeber anzuzeigen.

0.1.22 Arbeiten anderer Unternehmer auf der Baustelle.

Der Abschnitt 0.1.22 ATV DIN 18299 ist eng mit dem Abschnitt 0.1.21 ATV DIN 18299 verknüpft. Beide Abschnitte stellen Abhängigkeiten zu anderen Unternehmungen heraus. Im Abschnitt 0.1.22 ATV DIN 18299 werden die Schnittstellen zu anderen Unternehmern benannt, die nicht unmittelbar mit Vorarbeiten gemäß Abschnitt 0.1.21 ATV DIN 18299 verknüpft sind. Der Abschnitt 0.1.22 ATV DIN 18299 fordert die Beschreibung von Arbeiten anderer Unternehmer auf der Baustelle, die zur Kalkulation des (hier behandelten) Gewerkes Gebäudeautomation zwingend erforderlich sind. So können Abstimmungen mit anderen Unternehmern Bestandteil der Leistungsbeschreibung sein.

0.1.b ATV DIN 18386

0.1.1 Art und Lage der technischen Anlagen der beteiligten Leistungsbereiche.

Die Gebäudeautomation hat meist Schnittstellen zu anderen Gewerken und keine eigene Anbindung an Systeme, die ein Gebäude ver- und entsorgen. In einer Leistungsbeschreibung ist die Beschreibung der Schnittstellen der Gebäudeautomation zu anderen Gewerken ergänzend zu 0.1.7 ATV DIN 18299 zwingend erforderlich, da der Anbieter dann alle notwendigen Angaben zu seiner Kalkulation für die Anbindung an die anderen Gewerke hat. Für die Gebäudeautomation müssen z. B. die Angaben zur elektrischen Versorgung der Informationsschwerpunkte (ISP) in der Leistungsbeschreibung enthalten sowie alle Angaben (auch räumliche Anordnung) der Schnittstellen für die Integration von Informationen bauseitiger Gewerke benannt sein. In der Leistungsbeschreibung sind auch die Interoperabilitätsanforderungen an alle Komponenten der Gebäudeautomation und der zu integrierenden Gewerke zu beschreiben.

0.1.2   Art und Lage sowie Bedingungen für das Überlassen von Anschlüssen und Einrichtungen der Telekommunikation zur Datenfernübertragung.

Um Geräte an die Gebäudeautomation außerhalb der jeweiligen Liegenschaft anbinden zu können (z. B. dezentrale Bedienplätze für eine Störungsbeseitigung außerhalb von Betriebszeiten), ist es ggf. erforderlich, bauseits vorhandene Anschlüsse der Telekommunikation für die Datenübertragung zu nutzen. In der Leistungsbeschreibung sind diese Schnittstellen ergänzend zu Abschnitt 0.1.1 der ATV DIN 18386 zu beschreiben, dass der Bieter in der Leistungsbeschreibung für die Anbindung des Gewerkes Gebäudeautomation alle für die Kalkulation notwendigen Angaben erhält.

0.1.3   Art, Lage, Maße und Ausbildung sowie Termine des Auf- und Abbaus von bauseitigen Gerüsten.

In der Leistungsbeschreibung sind die örtliche Lage, die Maße sowie Ausbildungen von bauseitigen Gerüsten zu beschreiben. Neben den vorgenannten Angaben sind die Auf- und Abbautermine in der Leistungsbeschreibung zu benennen, um dem Bieter alle für die Kalkulation notwendigen Angaben für die Arbeiten auf bauseitigen Gerüsten zu geben. So können z. B. bauseitige Gerüste in großen Hallen auch von der Gebäudeautomation für die Montage von Sensoren und Aktoren mit benutzt werden.

0.2   Angaben zur Ausführung

0.2   Angaben zur Ausführung

Dieser Abschnitt steht in direktem Bezug zum Abschnitt 3 jeder ATV.

Die Hinweise zum Abschnitt 0 der ATV DIN 18299 sowie der ATV DIN 18386 dieses Kommentars gelten auch hier.

0.2.a   ATV DIN 18299

0.2.1   Vorgesehene Arbeitsabschnitte, Arbeitsunterbrechungen und Arbeitsbeschränkungen nach Art, Ort und Zeit sowie Abhängigkeit von Leistungen anderer.

Um dem Bieter zur Kalkulation alle notwendigen Informationen über eventuelle Arbeitsunterbrechungen bzw. über daraus folgende Wechsel der Arbeitsorte innerhalb der Baustelle zu geben, müssen in der Leistungsbeschreibung Angaben zu geplanten Arbeitsabschnitten, Unterbrechungen der Arbeit bzw. mögliche Beschränkungen der Arbeit sowie Abhängigkeiten zu anderen Gewerken (z. B. das Aufstellen von Schaltschränken in Zentralen durch Arbeiten anderer Gewerke ist nicht möglich) gemacht werden. Eventuelle Mehraufwendungen kann der Bieter dann in die Einzelpreise mit einkalkulieren bzw. muss der Ausschreibende eventuell einzelne Ordnungszahlen (Positionen) für diese Mehraufwendungen in die Leistungsbeschreibung aufnehmen.

0.2.2 Besondere Erschwernisse während der Ausführung, z. B. Arbeiten in Räumen, in denen der Betrieb weiterläuft, Arbeiten im Bereich von Verkehrswegen oder bei außergewöhnlichen äußeren Einflüssen.

Sollte das Vorhandensein besonderer Erschwernisse für die Ausführung der Leistung bekannt sein, sind diese in der Leistungsbeschreibung zu beschreiben, so dass der Bieter solche Sachverhalte bei seiner Kalkulation berücksichtigen kann. Darunter können Montagen unter erschwerten Bedingungen oder auch Inbetriebnahmen bzw. weitere Arbeiten im laufenden Betrieb des Gebäudes fallen. Auch beengte Verhältnisse für Montagen und Inbetriebnahmen sind in der Leistungsbeschreibung anzugeben.

0.2.3 Besondere Anforderungen für Arbeiten in kontaminierten Bereichen, gegebenenfalls besondere Anordnungen für Schutz- und Sicherheitsmaßnahmen.

Müssen Personen in schadstoffbelasteten bzw. kontaminierten Bereichen arbeiten, sind zum Schutz der Personen besondere Maßnahmen notwendig (siehe dazu auch Abschnitt 0.1.20 ATV DIN 18299). Die notwendigen Schutz- und Sicherheitsmaßnahmen sind in der Leistungsbeschreibung anzugeben. Zum Beispiel kann zu einer Leistungsbeschreibung auch ein SiGePlan mitgeliefert werden, um den Bieter vollumfänglich vor Abgabe des Angebotes in Kenntnis über die einzukalkulierenden Schutz- und Sicherheitsmaßnahmen zu setzen.

0.2.4 *Besondere Anforderungen an die Baustelleneinrichtung und Entsorgungseinrichtungen, z. B. Behälter für die getrennte Erfassung.*

Für jede Baustelle müssen die Anforderungen an die Baustelleneinrichtung und die Entsorgungseinrichtungen durch den Ausschreibenden mit dem Bauherrn ermittelt und in der Leistungsbeschreibung für den Bieter erläutert werden. Anforderungen an die Baustelleneinrichtung werden über den gesamten Abschnitt 0 der ATV DIN 18299 ff. immer wieder behandelt. Die Angaben dazu werden im SiGePlan eingearbeitet.

Um die eigenen Arbeitskräfte zu schützen, muss der Auftragnehmer nach allen geltenden Gesetzen, Verordnungen und Unfallverhütungsvorschriften die notwendigen Maßnahmen für die Sicherheit der eigenen Arbeitskräfte treffen. Sollten Gefahren aus dem Betrieb des Auftraggebers für die Baustelleneinrichtung bestehen, sind diese durch eine eindeutige Leistungsbeschreibung in der Ausschreibung durch den Ausschreibenden zu erstellen.

Auch die Entsorgung von Materialien in Behältern (z. B. Teile der Gebäudeautomation wie Schaltschränke oder Sensoren bei Revitalisierungen alter Gebäude) muss in der Leistungsbeschreibung beschrieben sein. Sollten dabei z. B. schadstoffbelastete Bauteile der Gebäudeautomation entsorgt werden müssen, sind alle Schritte und Lagerungen von der Demontage bis zur Entsorgungsstelle in der Leistungsbeschreibung zu erörtern.

0.2.5 *Besonderheiten der Regelung und Sicherung des Verkehrs, gegebenenfalls auch, wieweit der Auftraggeber die Durchführung der erforderlichen Maßnahmen übernimmt.*

Grundsätzlich hat der Auftraggeber die Pflicht, Maßnahmen zur Regelung und Sicherung des Verkehrs durchzuführen und umzusetzen.

Durch den Abschnitt 0.2.5 ATV DIN 18299 werden an dieser Stelle Angaben in der Leistungsbeschreibung gefordert, inwieweit der Auftraggeber Maßnahmen zur Regelung und Sicherung des Verkehrs unternimmt. Sollten für die Leistungserbringung der Gebäudeautomation Verkehrssperrungen notwendig werden (z. B. Einbringung von Schaltschränken per Kran vom öffentlichen Straßenland), sorgt meist der Auftragnehmer für die Einholung der entsprechenden Genehmigungen von Straßensperrungen oder das Aufstellen von Straßenschildern im öffentlichen Raum (z. B. Verkehrssicherungsmaßnahmen auf Grundlage von Verkehrszeichenplänen). Das Einholen dieser erforderlichen verkehrsrechtlichen Genehmigungen und Anordnungen ist gemäß § 465 Absatz 6 StVO Sache des Unternehmers, jedoch sind die Regelungen und Sicherung des Verkehrs einer Baustelle Sache des Auftraggebers, das regelt auch § 4 Absatz 1 Nummer 1 Satz 1 und 2 VOB/B. Danach ist der Auftraggeber für die Erhaltung der Ordnung auf der Baustelle und für das Einholen aller öffentlich-rechtlichen Genehmigungen und Erlaubnisse verantwortlich. Auch das Straßenverkehrsrecht ist im vorgenannten Abschnitt der VOB/B genannt. Aus den vorgenannten Sachverhalten resultiert ein Vergütungsanspruch bei den Leistungen gemäß Abschnitt 0.2.5 ATV DIN 18299, die der Unternehmer für den Auftraggeber klärt. In der Leistungsbeschreibung sind die vom Auftragnehmer (Unternehmer) zu erbringenden Leistungen auszuschreiben, so dass der Auftragnehmer diese kalkulieren und anbieten kann. Ergänzend dazu ist der Abschnitt 4.2.10 der ATV DIN 18299 zu berücksichtigen. Hier ist die Regelung und Sicherung des öffentlichen und Anliegerverkehrs sowie das Einholen der hierfür erforderlichen verkehrsrechtlichen Genehmigungen und Anordnungen nach der StVO als besondere Leistung nach VOB ausgewiesen.

0.2.6 Besondere Anforderungen an das Auf- und Abbauen sowie Vorhalten von Gerüsten.

In der Gebäudeautomation sind gemäß ATV DIN 18386 Abschnitte 4.1.2 und 4.2.4 Gerüste bis zu einer Höhe des Montageortes von 3,50 m über der Standfläche des Gerüstes eine Nebenleistung, die der Auftragnehmer ohne zusätzliche Vergütung bereitstellen muss. Sollte es besondere Anforderungen für das Auf- und Abbauen sowie Vorhalten von Gerüsten geben, müssen diese Informationen in der Leistungsbeschreibung gemäß Abschnitt 0.2.6 ATV DIN 18299 beschrieben werden. Besondere Anforderungen im Sinne Abschnitt 0.2.6 ATV DIN 18299 können z. B. der Schutz von hochwertigen Böden sowie eventuelle Anforderungen an das schrittweise Abbauen der Gerüste im Laufe des Bauablaufes durch Schließen von Decken sein.

0.2.7 Mitbenutzung fremder Gerüste, Hebezeuge, Aufzüge, Aufenthalts- und Lagerräume, Einrichtungen und dergleichen durch den Auftragnehmer.

Sollte der Auftragnehmer Hilfsmittel und Werkzeuge gemäß Abschnitt 0.2.7 ATV DIN 18299 mitbenutzen können, ergibt sich in der Regel ein günstigerer Angebotspreis. Sollte dem Auftragnehmer das Mitbenutzen von „fremden"

Hilfsmitteln, Werkzeugen, Räumen, Toiletten usw. nur gegen Entgelt gestattet sein, sind diese Entgelte gemäß VOB/A § 7 Absatz 1 Nummer 2 in der Leistungsbeschreibung anzugeben.

> **0.2.8** *Wie lange, für welche Arbeiten und gegebenenfalls für welche Beanspruchung der Auftragnehmer Gerüste, Hebezeuge, Aufzüge, Aufenthalts- und Lagerräume, Einrichtungen und dergleichen für andere Unternehmer vorzuhalten hat.*

Sollte der Auftragnehmer der Unternehmer sein, der die in Abschnitt 0.2.7 ATV DIN 18299 genannten Inhalte anderen Unternehmern zur Verfügung stellen soll, wird er durch die in Abschnitt 0.2.8 zu nennenden Angaben in die Lage versetzt, diesen Aufwand und die Abnutzung/Abschreibung der Geräte in den Angebotspreis einzukalkulieren. Der Vergütungsanspruch resultiert aus Abschnitt 4.2.11 ATV DIN 18299 und wird dort als besondere Leistung aufgeführt.

Diese Leistungen können auch Räume beinhalten, die der Auftragnehmer dem Auftraggeber für die Bauzeit zur Verfügung stellt.

> **0.2.9** *Verwendung oder Mitverwendung von wiederaufbereiteten (Recycling-)Stoffen.*

In der Gebäudeautomation werden meist keine wiederaufbereiteten Stoffe ausgeschrieben. Ausnahmen können z. B. Erdarbeiten (Wiederverwendung der gesiebten Erde) bzw. die Wiederverwendung von Schaltschränken, Automationsstationen und Sensoren sein, welche dann in der Leistungsbeschreibung zu nennen sind.

> **0.2.10** *Anforderungen an wiederaufbereitete (Recycling-)Stoffe und an nicht genormte Stoffe und Bauteile.*

Sollten die unter Abschnitt 0.2.10 ATV DIN 18299 genannten Stoffe und Bauteile in einem Bauvorhaben verwendet werden, muss der Auftraggeber dem Auftragnehmer in der Leistungsbeschreibung die Anforderungen nennen, die an die Stoffe und Bauteile nach der Aufbereitung gestellt werden, damit eine Qualitätsmessgröße und ein Leistungssoll für diese Stoffe und Bauteile vorhanden ist. Bauteile können auch als vom Auftraggeber beigestellte Bauteile gemäß Abschnitt 0.2.15 ATV DIN 18299 betrachtet werden.

0.2.11 Besondere Anforderungen an Art, Güte und Umweltverträglichkeit der Stoffe und Bauteile, auch z. B. an die schnelle biologische Abbaubarkeit von Hilfsstoffen.

Generelle Anforderungen an die Eigenschaften von Stoffen und Bauteilen werden im Abschnitt 2 der ATV DIN 18299 und DIN 18386 beschrieben. Wenn der Auftraggeber abweichende und ergänzende Anforderungen an Bauteile und Stoffe stellt, sind diese Anforderungen in der Leistungsbeschreibung zu benennen. Meist wird der Einsatz von Stoffen, die besonders umweltverträglich sind, vom Auftraggeber vorgegeben. Durch Zertifizierungsverfahren, wie z. B. BNB des öffentlichen Dienstes, existieren im Rahmen der Nachhaltigkeit Vorgaben zur Umweltverträglichkeit von einzusetzenden Stoffen und Bauteilen in Bauprojekten.

0.2.12 Art und Umfang der vom Auftraggeber verlangten Eignungs- und Gütenachweise.

Im Gewerk Gebäudeautomation werden häufig Eignungs- und Gütenachweise vom Auftraggeber im Rahmen der Leistungsbeschreibung angefordert.

Eignungsnachweise können z. B. sein:
- Vorlage der fachlichen Qualifikationen der Arbeitskräfte des Auftragnehmers für elektrische Arbeiten
- Vorlage der fachlichen Qualifikation der Arbeitskräfte des Auftragnehmers für Programmierarbeiten
- Nachweis von Werkstätten für den Schaltschrankbau
- Vorlage von Zertifikaten für gewählte Kommunikationsprotokoll der Gebäudeautomation

0.2.13 Unter welchen Bedingungen auf der Baustelle gewonnene Stoffe verwendet werden dürfen oder müssen oder einer anderen Verwertung zuzuführen sind.

An dieser Stelle sei auf die Abschnitte 0.2.9 und 0.2.10 der ATV DIN 18299 verwiesen; zum Beispiel könnten Schaltschränke und Kabel wiederverwendet werden. Baustoffe, die im Gewerk Gebäudeautomation wiederverwendet werden sollen, sind in der Leistungsbeschreibung zu benennende Angaben dieses Abschnittes der ATV DIN 18299.

0.2.14 Art, Zusammensetzung und Menge der aus dem Bereich des Auftraggebers zu entsorgenden Böden, Stoffe und Bauteile; Art der Verwertung oder bei Abfall die Entsorgungsanlage; Anforderungen an die Nachweise über Transporte, Entsorgung und die vom Auftraggeber zu tragenden Entsorgungskosten.

Wie schon im Abschnitt 0.1.11 ATV DIN 18299 ff. beschrieben, ist das geltende Umweltrecht für die jeweilige Baustelle grundlegend zu beachten. Die Vorgaben aus dem Umweltrecht sind dann in der Leistungsbeschreibung dem Bieter darzulegen. Die Hinweise, die in der Leistungsbeschreibung gegeben werden, müssen sorgfältig und auskömmlich sein, da hier auch die Strafgesetzgebung bei Versäumnissen greifen kann.

Für die Gebäudeautomation hat der Auftraggeber Angaben zu machen, welche Stoffe und Bauteile entsorgt und welche Nachweise durch den Auftragnehmer zur Entsorgung vorgelegt werden müssen. Der Ausschreibende erfasst diese Leistungen in der Leistungsbeschreibung, die dann vom Auftragnehmer kalkuliert und angeboten werden. Die Entsorgungskosten entstehen dem Auftraggeber (der Auftragnehmer übernimmt diese Kosten vorläufig; die Abrechnung an den Auftraggeber erfolgt zu einem späteren Zeitpunkt in der Rechnungslegung des Auftragnehmers). Der Auftragnehmer weist die entstandenen Aufwendungen durch die Entsorgungsnachweise nach.

0.2.15 Art, Anzahl, Menge oder Masse der Stoffe und Bauteile, die vom Auftraggeber beigestellt werden, sowie Art, genaue Bezeichnung des Ortes und Zeit ihrer Übergabe.

Werden vom Auftraggeber Stoffe und Bauteile beigestellt (das können im Gewerk Gebäudeautomation z. B. Server, Automationsstationen, Sensoren oder auch Software sein), sind vor allem Ort und Zeit ihrer Übergabe gemäß Abschnitt 0.2.15 ATV DIN 18299 in der Leistungsbeschreibung zu beschreiben. Der Bieter muss durch die Beschreibung der zu übergebenden Stoffe und Bauteile gemäß Abschnitt 0.2.15 ATV DIN 18299 in die Lage versetzt werden, die dann nur noch enthaltenen Lohnanteile (da das Material nicht durch ihn geliefert wird) zu kalkulieren.

0.2.16   *In welchem Umfang der Auftraggeber Abladen, Lagern und Transport von Stoffen und Bauteilen übernimmt oder dafür dem Auftragnehmer Geräte oder Arbeitskräfte zur Verfügung stellt.*

Sollte der Auftraggeber dem Auftragnehmer Leistungen bereitstellen, die üblicherweise der Auftragnehmer in seinem Leistungsumfang hat, sind diese in der Leistungsbeschreibung vollumfänglich zu beschreiben, so dass der Bieter die „Ersparnisse" in seiner Kalkulation berücksichtigen kann. Im Bereich der Gebäudeautomation können das z.b. Leistungen der Baustellenlogistik sein, die der Auftraggeber organisiert, um einen geordneten Lieferverkehr bzw. organisierte Lagerungsmöglichkeiten sicherzustellen. Eine andere Leistung des Auftraggebers kann sein, den Kran auf der Baustelle für Einbringarbeiten der Gewerke zur Verfügung zu stellen. In der Leistungsbeschreibung ist das zu vermerken, so dass der Bieter die auf der Baustelle vom Auftraggeber zur Verfügung gestellten Geräte, Arbeitskräfte bzw. genannte Aufwendungen bei seiner Kalkulation berücksichtigen kann.

0.2.17   *Leistungen für andere Unternehmer.*

In diesem Abschnitt der ATV DIN 18299 werden Leistungen benannt, die das Gewerk Gebäudeautomation für andere Unternehmer auf der Baustelle erbringt. Solche Leistungen betreffen zum Beispiel die Lieferung und Montage von Reparaturschaltern und Kabeln/Leitungen vom Motor zum Reparaturschalter an Lüftungsgeräten. Diese Leistungen sind in der Leistungsbeschreibung durch den Ausschreibenden zu berücksichtigen.

0.2.18   *Mitwirken beim Einstellen von Anlageteilen und bei der Inbetriebnahme von Anlagen im Zusammenwirken mit anderen Beteiligten, z.B. mit dem Auftragnehmer für die Gebäudeautomation.*

Ergänzend zu den Ausführungen des Abschnittes 0.2.17 der ATV DIN 18299 können z.B. Leistungen zur Unterstützung bei der Inbetriebnahme anderer Gewerke besondere Leistungen sein, die der Ausschreibende im Leistungsverzeichnis zu benennen hat, damit der Ausführende der Gebäudeautomation diese zusätzlichen und nicht zu seinem Leistungsumfang gehörenden Leistungen kalkulieren kann.

Mit diesen Leistungen sind nicht die in der ATV DIN 18386 unter Abschnitt 3.3 genannten Inbetriebnahme- und Einregulierungsleistungen gemeint. Die Inbetriebnahme der Gebäudeautomation ist gemäß Abschnitt 3.3 der ATV DIN 18386 eine **ohne** zusätzliche Vergütung zu erbringende Leistung (Nebenleistung) des Gewerkes Gebäudeautomation. Die Inbetriebnahme der Schaltschränke und Automationsstationen ist durch den Auftragnehmer der Gebäudeautomation im Rahmen seiner Werkleistung zu erbringen.

Sollte der Auftragnehmer jedoch z. B. Personal zur Einregulierung der Lüftungsanlage bereitstellen müssen, sind diese Aufwendungen in der Leistungsbeschreibung zu berücksichtigen und durch den Auftragnehmer zu kalkulieren.

0.2.19 Benutzung von Teilen der Leistung vor der Abnahme.

Gemäß § 4 Absatz 5 VOB/B muss der Ausführende die von ihm ausgeführten Leistungen während der Errichtung bis zur rechtlichen Abnahme schützen. Der Schutz der Leistung könnte aber eine vorzeitige Inbetriebnahme unmöglich machen. Um für abgeschlossene Anlagenteile eine rechtliche Abnahme möglich zu machen, können diese gemäß § 12 Absatz 2 VOB/B auf Verlangen des Auftragnehmers einer baurechtlichen Teilabnahme zugeführt werden, sofern es sich um funktional selbständig nutzbare Anlagen handelt.

Die Benutzung von Teilen der Werksleistung der Gebäudeautomation vor rechtlicher Abnahme ist eine besondere Leistung, die in der Leistungsbeschreibung zu beschreiben ist, um den Anbieter in die Lage zu versetzen, diese Leistung zu kalkulieren.

Häufig werden Teile des Gebäudes schon der Nutzung zugeführt, während die Inbetriebnahmen und die rechtlichen Abnahmen der Gebäudeautomation noch nicht abgeschlossen sind. So kann es zu Inbetriebnahmen in mehreren Abschnitten kommen, wo aufgrund der sich ändernden hydraulischen Verhältnisse, z. B. in den Systemen Heizung oder Kälte, die Regelparameter immer wieder angepasst werden müssen.

0.2.20 Übertragung der Wartung während der Dauer der Verjährungsfrist für die Mängelansprüche für maschinelle und elektrotechnische sowie elektronische Anlagen oder Teile davon, bei denen die Wartung Einfluss auf die Sicherheit und die Funktionsfähigkeit hat (vergleiche § 13 Absatz 4 Nummer 2 VOB/B), durch einen besonderen Wartungsvertrag.

Im Gewerk Gebäudeautomation werden elektrotechnische und elektronische Teile und Anlagen installiert. Aus diesem Grund müssen auf Wunsch des Bauherrn für eine längere Verjährungsfrist der Mängelansprüche zeitlich verlängerte Wartungsleistungen gemäß § 13 Absatz 4 Nummer 2 VOB/B in der Leistungsbeschreibung ausgeschrieben werden.

0.2.21   *Abrechnung nach bestimmten Zeichnungen oder Tabellen.*

Gemäß Abschnitt 5 der ATV DIN 18299 ist die Ermittlung der Mengen und Massen nach Zeichnungen durchzuführen.

Ergänzend dazu gelten für das Gewerk Gebäudeautomation die Regelungen der ATV DIN 18386 im Abschnitt 0.5 und Abschnitt 5. Die benötigten und später abzurechnenden Mengen und Massen (siehe ATV DIN 18386 Abschnitt 0.5 und Abschnitt 5.2) sind in der Leistungsbeschreibung auszuschreiben, damit das Aufmaß mit Hilfe dieser Leistungspositionen (Ordnungszahlen) ermittelt werden kann. Gemäß § 14 Absatz 2 VOB/B sind die notwendigen Feststellungen (Aufmaß) dem Fortgang der Leistung entsprechend **möglichst gemeinsam** vorzunehmen.

Um Streitigkeiten vorzubeugen, sollte der Auftraggeber mit Hilfe des Ausschreibenden in der Leistungsbeschreibung festlegen, welche Angaben (Aufmaß, Zeichnungen etc.) zum Aufmaß und der Abrechnung der Leistungspositionen in der Leistungsbeschreibung notwendig sind.

Eine alleinige Feststellung der Leistung durch den Auftragnehmer ohne vorherige Rückversicherung mit dem Auftraggeber ist somit nur in Ausnahmefällen möglich!

Auch kann der Auftraggeber nach einer abgelaufenen Frist gemäß VOB/B § 14 Abschnitt 4 die Rechnung auf Kosten des Auftragnehmers selbst aufstellen (der Auftraggeber erstellt z. B. ein Aufmaß und rechnet selbst ab).

Der Rechnung sind gemäß § 14 Absatz 1 VOB/B alle zum Nachweis von Art und Umfang der Leistung erforderlichen Mengenberechnungen, Zeichnungen und andere Belege beizufügen.

0.2.b   ATV DIN 18386

0.2.1   *Anbindungen von Fremdsystemen.*

Wenn im Umfang der auszuführenden Leistung auch die Anbindung von Fremdsystemen gemäß VDI 3814 Blatt 5 – „Gebäudeautomation (GA) – Hinweise zur

Systemintegration" enthalten ist, sind Art und Umfang der Anbindung in der Leistungsbeschreibung anzugeben. Der Leistungsbeschreibung können auch Anhänge beigefügt werden (z. B. „Beiblatt 070-12 BACnet" vom STLB-Bau Leistungsbereich 070 Gebäudeautomation für die Angaben zur interoperablen Ausschreibung des BACnet-Protokolls), um die genauen Anforderungen an die Anbindung von Fremdsystemen eindeutig zu beschreiben. Der Bieter kann dann den genauen Aufwand für diese Leistung kalkulieren.

0.2.2 Anzahl, Art und Maße von Mustern. Ort der Anbringung.

Der Auftraggeber kann den Wunsch haben, vor Beginn der Arbeiten einzelne Bauteile (z. B. Sensoren in Sichtbereichen) zu bemustern. Diese Leistungen müssen in der Leistungsbeschreibung ausgeschrieben sein, damit der Anbieter den Umfang der Muster und die Aufwendungen für die Montage kalkulieren kann. Auch die Anzahl und der Zeitpunkt der Lieferung der beizubringenden Muster müssen eindeutig aus der Leistungsbeschreibung hervorgehen.

0.2.3 Anzahl, Art, Lage, Maße und Ausführung der Bauteile für die Management- und Bedieneinrichtung.

In der Leistungsbeschreibung sind Angaben gemäß Abschnitt 0.2.3 ATV DIN 18386 zur Management- und Bedieneinrichtung zu machen. Die Bauteile der Management- und Bedieneinrichtung sind in der Leistungsbeschreibung zu benennen, alle Qualitätsmerkmale zu beschreiben (dazu zählt auch die Größe der Komponenten) und die örtliche Zuordnung im Gebäude aller Komponenten aufzuzeigen. Der Bieter muss mit diesen Angaben die Aufwendungen zur Errichtung der Management- und Bedieneinrichtung kalkulieren können.

0.2.4 Anzahl, Art, Lage, Maße und Ausführung der Bauteile für die Automatisierungseinrichtung und der Schalt- und Verteileranlagen.

Wie im Abschnitt 0.1.1 ATV DIN 18386 erläutert, sind für alle Automatisierungseinrichtungen, Schalt- und Verteilanlagen genaue Angaben in der Leistungsbeschreibung zu machen. Ergänzend zur Leistungsbeschreibung können Netzwerkschemata des Gebäudeautomationsnetzwerkes der Leistungsbeschreibung beigefügt werden (siehe hierzu „Beiblatt 070-10 Beispiel für Netzwerkdarstellung" vom STLB-Bau Leistungsbereich 070 Gebäudeautomation). Der Bieter wird so in die Lage versetzt, die Positionen der Leistungsbeschreibung örtlich im Gebäude zuordnen zu können und die Leistung genau zu kalkulieren. Dabei sind auch die Angaben unter Abschnitt 0.1.2 der ATV DIN 18299 für den Aufbau der Schalt- und Verteileranlagen zu beachten. Zum Einbringen der Schalt- und Verteileranlagen ergänzen die Angaben der ATV DIN 18299 im Abschnitt 0.2.2 die Angaben in der Leistungsbeschreibung.

0.2.5   Visualisierungs- und Bedienungskonzepte.

Damit der Bieter für die Kalkulation alle notwendigen Angaben hat, sind der Umfang der Visualisierung sowie die Konzepte zur Bedienung der Gebäudeautomation in der Leistungsbeschreibung genau zu beschreiben. Hierzu sind auch die Inhalte der VDI 3814 Blatt 7 – „Gebäudeautomation (GA) – Gestaltung von Benutzeroberflächen" sowie Angaben zur Lokalen Vorrangbedienebene gemäß DIN EN ISO 16484 zu beachten. Um den Bieter in die Lage zu versetzen, den Visualisierungsumfang für die Kalkulation sicher zu beurteilen, ist dringend zu empfehlen, alle Funktionslisten und Automationsschemata gemäß VDI 3814 Blatt 1 – „Gebäudeautomation (GA) – Systemgrundlagen" und VDI 3813 Blatt 2 – „Gebäudeautomation (GA) – Raumautomationsfunktionen (RA-Funktionen)" dem Bieter mit der Leistungsbeschreibung zur Kalkulation zu übergeben. Aus den Funktionslisten und Automationsschemata kann der Bieter die Zuordnung von zu visualisierenden Inhalten zu Anlagen und Automationseinrichtungen erkennen und den Aufwand für die Managementfunktionen in der Funktionsliste (z. B. Abschnitte 7 und 8 der GA-Funktionsliste gemäß VDI 3814 Blatt 1) genau kalkulieren.

0.2.6   Anzahl, Art, Lage und Maße von Kabeln, Leitungen, Rohren und Bauteilen von Verlegesystemen sowie Art ihrer Verlegung.

In der Leistungsbeschreibung sind alle für das Gewerk Gebäudeautomation notwendigen Kabel, Leitungen und Verlegesysteme auszuschreiben sowie Besonderheiten und Verlegearten (siehe auch VDE 0298 Teil 4) bei der Verlegung auszuweisen. Dann kann der Bieter die notwendigen Aufwendungen und Materialien für die Montagen der jeweiligen Verlegeart sicher kalkulieren.

Sollte der Auftragnehmer der Gebäudeautomation die Elektroinstallationsarbeiten an einen Nachunternehmer beauftragen, trägt der Hauptauftragnehmer (also der Auftragnehmer und nicht der Nachunternehmer) gegenüber dem Auftraggeber die volle Gewährleistung.

Der Auftraggeber kann die Lieferung der Kabel, Leitungen und Verlegesysteme im Gewerk Elektrotechnik gemäß ATV DIN 18382 oder im Gewerk Gebäudeautomation vergeben. Sollten die elektrischen Kabel, Leitungen und Verlegesysteme der Gebäudeautomation beim Gewerk Elektrotechnik ausgeschrieben werden, schafft der Auftraggeber eine zusätzlich zu koordinierende Schnittstelle zwischen der Elektrotechnik und der Gebäudeautomation. Bei dieser getrennten Vergabe der Leistungen müssen die Schnittstellen zwischen der Gebäudeautomation und der Elektrotechnik (z. B. die Klemmarbeiten, das Anschließen und das Montieren der Feldgeräte) eindeutig in der jeweiligen Leistungsbeschreibung beschrieben und ausgeschrieben werden. Die Gewährleistung muss in solchen Fällen für den jeweiligen Ausführenden abgrenzbar sein.

Grundsätzlich ist für die Ausführung von und Arbeiten an elektrotechnischen Anlagen eine Konzession des zuständigen Elektrizitäts-Versorgungsunternehmens (EVU) erforderlich.

0.2.7 Anforderungen an die elektromagnetische Verträglichkeit und den Überspannungs-, Explosions- und Geräteschutz.

In der Leistungsbeschreibung sind durch den Auftraggeber alle Anforderungen an Überspannungs-, Explosions- und Geräteschutz zu benennen. Die in der Planung der Elektrotechnik ermittelten notwendigen Überspannungsschutzmaßnahmen sind in der Leistungsbeschreibung zu nennen und notwendige Trennungsabstände zur Blitzschutzanlage zu beschreiben.

Befinden sich Geräte der Gebäudeautomation in Ex-Bereichen, ist dieser Sachverhalt in der Leistungsbeschreibung darzustellen und der geforderte Ex-Schutzgrad zu benennen.

Sollten besondere Anforderungen an die elektromagnetische Verträglichkeit im Gebäude bestehen, sind die Anforderungen und alle notwendigen Schutzmaßnahmen in der Leistungsbeschreibung aufzuzeigen (z. B. Filter für Frequenzumrichter, besondere Schirmungsmaßnahmen).

0.2.8 Anforderungen aus dem Brandschutzkonzept, z. B. funktionale Verknüpfungen mit Entrauchungsanlagen.

Der Brandschutz eines Gebäudes ist in den bauordnungsrechtlichen Gesetzen des Bundes (Bauordnung), den Vorgaben der Bundesländer in Verordnungen sowie in anerkannten Regeln der Technik (Normungen und Richtlinien etc.) geregelt (siehe hierzu auch Abb. 2).

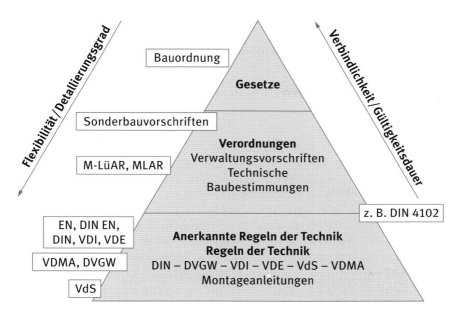

Abb. 2: Normenpyramide nach Borrmann

Die Baugenehmigung ist die bauordnungsrechtliche Nutzungs-Soll-Vorgabe, in der alle besonderen Anforderungen an den Brandschutz ausformuliert sind. Wenn ein Brandschutzkonzept als Anlage zum Bauantrag, Abweichungen und Kompensationen zu üblichen Vorgaben (Gesetze, Verordnungen und Normen) vorgibt, wird es nach Genehmigung eine Anlage zur Baugenehmigung. Diese Genehmigungsgrundlage kann für das Gewerk Gebäudeautomation sehr wichtig sein. Alle für den Bieter notwendigen Vorgaben, wie z. b. Beschreibungen der Funktion, Inhalte des Brandschutzkonzeptes zu notwendigen Fluren, sollen gemäß Abschnitt 0.2.8 ATV DIN 18386 in der Leistungsbeschreibung erläutert werden. Dazu zählen z. b. auch Funktionsbeschreibungen im Falle einer Entrauchung, wenn das Gewerk Gebäudeautomation Schaltschränke für die Entrauchung liefert.

Der Bieter für das Gewerk Gebäudeautomation muss auch über alle Brandschutzmaßnahmen bzw. die Konzepte dazu in der Leistungsbeschreibung (Brandschutzabschottungen, Abtrennungen in Funktionserhalt etc.) für eine Angebotsabgabe informiert werden, um sicher kalkulieren zu können. Dazu zählen auch alle notwendigen Angaben gemäß MLAR.

25

> *0.2.9   Termine für die Lieferung der Angaben und Unterlagen nach Abschnitt 3.1.3 und 3.5 sowie für Beginn und Ende der vertraglichen Leistungen. Gegebenenfalls Lieferung und Umfang der vom Auftragnehmer aufzustellenden Terminpläne, z. B. Netzpläne.*

Für den Auftragnehmer/Bieter ist es zwingend erforderlich, Kenntnis über Beginn und Ende bzw. Zwischentermine seiner Arbeiten zu kennen, um diese Sachverhalte in seiner Kalkulation zu berücksichtigen. Somit hat der Auftraggeber gemäß § 8 Absatz 4 Nummer 1 Punkt d VOB/A und § 9 sowie § 5 VOB/B genaue Terminvorgaben über Beginn und Beendigung des Gewerkes zu machen. Der Auftragnehmer muss einen Gesamtterminplan erstellen. Soll der Auftragnehmer Terminpläne fortschreiben (z. B. in Form eines Netzplanes), ist dies in der Leistungsbeschreibung zu fordern. An dieser Stelle sei auch auf den Abschnitt 4.2.1 ATV DIN 18386 verwiesen. Sollten Planungsleistungen Leistungen des Ausführenden sein, sind z. B. Netzpläne, die einen größeren Planungsaufwand erfordern, darunter einzuordnen.

> *0.2.10   Anzahl, Art, Lage und Maße von Provisorien, z. B. zum Betreiben der Anlage oder von Anlagenteilen vor der Abnahme.*

Für den Fall, dass Anlagen vor Abschluss der Gesamtbaumaßnahme in Betrieb zu nehmen sind, müssen Art, Umfang, Dauer und die zu berücksichtigenden Schnittstellen in der Leistungsbeschreibung beschrieben werden, so dass der Bieter alle dafür notwendigen Aufwendungen in der Kalkulation berücksichtigen kann. Dazu können auch Aufwendungen für das Facility Management der errichteten Anlage zählen (Betreiben, Wartung, Instandsetzung etc.).

Sollte ein Rückbau von eventuell benötigten Provisorien erforderlich sein, müssen diese Aufwendungen durch den Ausschreibenden in der Leistungsbeschreibung berücksichtigt werden.

Wenn eventuelle Provisorien bzw. das Betreiben und die Wartung in der Leistungsbeschreibung nicht berücksichtigt werden konnten (z. B. aufgrund von nicht vorhersehbaren Verzögerungen von bauseitigen Vorleistungen), werden die Aufwendungen gemäß Abschnitten 4.2.11 und 4.2.12 ATV DIN 18386 und § 2 Absatz 6 Nummer 1 VOB/B als besondere Leistungen nach Abschluss einer Nachtragsvereinbarung abgerechnet. Sollten diese Aufwendungen bei Erstellung der Leistungsbeschreibung bekannt sein, sind diese in der Leistungsbeschreibung zu benennen, so dass der Bieter diese Aufwendungen bei seiner Kalkulation berücksichtigen kann.

0.2.11 Geforderte Zertifizierungen.

Sollten für die Ausführung der Leistung Zertifizierungen nachzuweisen sein, muss der Ausschreibende diese im Rahmen der Leistungsbeschreibung fordern. Der Bieter hat diese dann im Rahmen seiner Kalkulation zu berücksichtigen und auf Verlangen vorzulegen (siehe hierzu auch Ausführungen dieses Kommentars zu Abschnitt 0.2.12 ATV DIN 18299).

0.2.12 Art und Lage vorhandener Datennetze sowie Bedingungen für deren Nutzung.

Zwischen dem Auftraggeber und dem Auftragnehmer müssen Schnittstellen im Rahmen der Leistungsbeschreibung festgelegt werden. Der Auftragnehmer der Gebäudeautomation kann die Datennetze für sein Gewerk im Rahmen der Bauausführung mit errichten (nach Vorgaben der Leistungsbeschreibung) oder vorhandene Datennetze unter vorgegebenen Bedingungen des Auftraggebers (Schnittstellenbeschreibung mit allen notwendigen Angaben in der Leistungsbeschreibung) zu seiner Leistungserfüllung benutzen.

0.2.13 Funktionsbeschreibung oder Fließschema nach VDI 3814 Blatt 6 „Gebäudeautomation (GA) – Grafische Darstellung von Steuerungsaufgaben" und Gebäudeautomations-Funktionslisten sowie Raumautomations-Funktionslisten.

Der Auftraggeber hat alle Angaben für die Programmierung der Automationsstationen und der Management- und Bedieneinrichtung zu machen, die notwendig sind, dass der Auftragnehmer diese Leistung fehlerfrei erbringen kann. Dazu dienen im Rahmen der Leistungsbeschreibung Funktionsbeschreibungen oder Fließschemata nach VDI 3814 Blatt 6, die zugehörigen Funktionslisten für die Anlagenautomation gemäß DIN EN ISO 16484-3 und für die Raumautomation gemäß VDI 3813 Blatt 2. Fließschema nach VDI 3814 Blatt 6 ist der in der VDI 3814 Blatt 6 beschriebene Zustandsgraph.

0.2.14 Anforderungen an die Energieeffizienz und das Energiemanagement.

Gemäß DIN EN 15232 und DIN V 18599 Teil 11 werden Funktionen der Gebäudeautomation zur Energieeffizienz genutzt. Dazu kommen Aufgaben des Energiemanagements (z. B. nach DIN 50001). Sollte der Auftraggeber die vorgenannten Anforderungen im Rahmen seines Bauvorhabens berücksichtigen wollen, muss der Planer diese in der Leistungsbeschreibung benennen und den Bieter in die Lage versetzen, alle Anforderungen bei seiner Kalkulation zu beachten.

0.2.15   *Vorgaben, die aus Sachverständigengutachten resultieren.*

Alle Vorgaben, die aus Gutachten von Sachverständigen resultieren, sind in der Leistungsbeschreibung zu berücksichtigen. Der Bieter kann mit den vorgenannten Hinweisen alle notwendigen Aufwendungen unter Berücksichtigung des vorgenannten Gutachtens von Sachverständigen kalkulieren.

0.2.16   *Vorgaben für den Austausch von digitalisierten Daten und Dokumenten.*

Ergänzend zu den allgemeinen Anforderungen an die Dokumentation gemäß den Abschnitten 3.1.3, 3.1.4 und 3.1.6 ATV DIN 18386 müssen der Auftraggeber und der beteiligte Planer den Austausch aller digitalen Daten eindeutig regeln. Diese Regeln sind in der Leistungsbeschreibung dem Bieter zu beschreiben, so dass dieser alle Aufwendungen für diese Schnittstellen kalkulieren kann.

0.3   Einzelangaben bei Abweichungen von den ATV

0.3   *Einzelangaben bei Abweichungen von den ATV*

Werden in der Leistungsbeschreibung andere Regelungen als in der ATV DIN getroffen, sind diese in der Leistungsbeschreibung eindeutig zu beschreiben. Dabei sind in jeder ATV DIN 18299 ff. nur die Regelungen erwähnt, die relativ häufig abweichen und für die dann eine eindeutige und im Einzelnen anzugebende Leistungsbeschreibung erforderlich wird. Bei mehreren möglichen Lösungen muss sich der Ersteller der Leistungsbeschreibung entscheiden, welche er favorisiert und diese dann in der Leistungsbeschreibung eindeutig und im Einzelnen beschreiben.

Die Hinweise zum Abschnitt 0 der ATV DIN 18299 sowie der ATV DIN 18386 dieses Kommentars gelten auch hier.

0.3.a   ATV DIN 18299

> **0.3.1** *Wenn andere als die in den ATV DIN 18299 bis ATV DIN 18459 vorgesehenen Regelungen getroffen werden sollen, sind diese in der Leistungsbeschreibung eindeutig und im Einzelnen anzugeben.*

Wenn der Ersteller der Leistungsbeschreibung von den ATV DIN abweichende Regelungen fordert, sind diese konkret und im Einzelnen zu beschreiben.

Sollte der Auftraggeber eigene Zusätzliche Technische Vertragsbedingungen (ZTV) besitzen, sind diese als Anlage der Leistungsbeschreibung beizulegen und in der Leistungsbeschreibung ist auf die ZTV zu verweisen.

Neben den Abweichungen nach 0.3 ATV DIN 18299 ff. in der Ausführung sind auch Ergänzungen oder Änderungen zu Abschnitt 4 (Nebenleistungen bzw. Besondere Leistungen) sowie zu Abschnitt 5 (Abrechnung) möglich. Allerdings sind solchen vertraglichen Änderungen insbesondere bei wiederholter Verwendung der inhaltsgleichen Klauseln enge rechtliche Grenzen durch §§ 305 ff. BGB, dem sog. Recht der Allgemeinen Geschäftsbedingungen, gesetzt. So sind z.B. AGB-Klauseln in Verträgen, wonach der Bauunternehmer auch ohne besondere Erwähnung in der Leistungsbeschreibung sämtliche notwendigen Besonderen Leistungen schuldet, unwirksam.

Bei Bauverträgen, bei denen die VOB Vertragsgrundlage ist, sollten Abweichungen in den Abschnitten 4 und 5 stets vermieden werden, damit das sich in der Praxis bewährte Regelwerk nicht unnötig verlassen wird.

> **0.3.2** *Abweichende Regelungen von der ATV DIN 18299 können insbesondere in Betracht kommen bei*
>
> *Abschnitt 2.1.1, wenn die Lieferung von Stoffen und Bauteilen nicht zur Leistung gehören soll,*
>
> *Abschnitt 2.2, wenn nur ungebrauchte Stoffe und Bauteile vorgehalten werden dürfen,*
>
> *Abschnitt 2.3.1, wenn auch gebrauchte Stoffe und Bauteile geliefert werden dürfen.*

In diesem Abschnitt der ATV DIN 18299 werden exemplarische (also nicht vollständig aufgeführte) Abweichungen aufgeführt. An dieser Stelle werden drei typische Abweichungen vom Regelfall bei der Lieferung und Vorhaltung von Stoffen und Bauteilen dargelegt.

Im Bereich der Gebäudeautomation können Bauteile von einem anderen Gewerk geliefert werden. Eine mögliche Übergabe, eventuelle Schnittstellen, die mögliche Berücksichtigung bei der Integration in das System der Gebäudeautomation oder auch notwendige Unterstützung bei der Inbetriebnahme sind hier als Beispiele genannt.

0.3.b   ATV DIN 18386

> *0.3.1   Wenn andere als die in dieser ATV vorgesehenen Regelungen getroffen werden sollen, sind diese in der Leistungsbeschreibung eindeutig und im Einzelnen anzugeben.*

Wenn der Ersteller der Leistungsbeschreibung von den ATV DIN abweichende Regelungen fordert, sind diese konkret und im Einzelnen, wie schon im Kommentar zur ATV DIN 18299 bemerkt, zu beschreiben.

> *0.3.2   Abweichende Regelungen können insbesondere in Betracht kommen bei*
>
> *Abschnitt 3.5,   wenn die Übergabe der Unterlagen zu einem früheren Zeitpunkt erfolgen soll.*

Soll der Auftragnehmer die Dokumentation zu einem früheren Zeitpunkt als der Abnahme entgegen Abschnitt 3.5 übergeben, ist der Anbieter vor Angebotsabgabe in der Leistungsbeschreibung darüber zu informieren, so dass der Bieter ggf. entstehende Aufwendungen berücksichtigen kann.

0.4   Einzelangaben zu Nebenleistungen und Besonderen Leistungen

> *0.4   Einzelangaben zu Nebenleistungen und Besonderen Leistungen*

An dieser Stelle ist zu erwähnen, dass Nebenleistungen nach ATV DIN 18299 ff. stets Leistungen sind, die auch ohne Beschreibung und Erwähnung in der Leistungsbeschreibung nach den Vertragsbedingungen, den Technischen Vertragsbedingungen oder der vertraglichen Verkehrssitte zu der geforderten Leistung gehören (siehe hierzu auch § 2 Absatz 1 VOB/B). Die in der ATV DIN 18299 ff. aufgeführten Nebenleistungen sind keinesfalls abschließend und es können daraus weitere Nebenleistungen bei gründlichem Studium der Texte im jeweiligen Abschnitt 3 der ATV erkannt werden.

Die Hinweise zum Abschnitt 0 der ATV DIN 18299 sowie der ATV DIN 18386 dieses Kommentars gelten auch hier.

0.4.a ATV DIN 18299

0.4.1 Nebenleistungen

Nebenleistungen (Abschnitt 4.1 aller ATV) sind in der Leistungsbeschreibung nur zu erwähnen, wenn sie ausnahmsweise selbständig vergütet werden sollen. Eine ausdrückliche Erwähnung ist geboten, wenn die Kosten der Nebenleistung von erheblicher Bedeutung für die Preisbildung sind; in diesen Fällen sind besondere Ordnungszahlen (Positionen) vorzusehen.

Dies kommt insbesondere für das Einrichten und Räumen der Baustelle in Betracht.

An dieser Stelle ist zu erwähnen, dass Nebenleistungen nach ATV DIN 18299 ff. stets Leistungen sind, die auch ohne Beschreibung zu erbringen sind.

Ein Hinweis in der Leistungsbeschreibung zu Nebenleistungen kann dazu dienen, dass der Bieter eventuell zu berücksichtigende und sehr kostenintensive Nebenleistungen richtig kalkuliert und berücksichtigt. Dazu können diese Nebenleistungen in getrennten Positionen erfasst werden, bleiben aber auch dann eine Nebenleistung im Sinne Abschnitt 4.1 ATV DIN 18299 ff. Damit ist auch eine bessere Vergleichbarkeit der Angebote für den Auftraggeber gegeben, da die Preisstruktur der Angebote besser nachvollziehbar ist (Preisbasis, eventuelle Zuschläge etc.). Die ATV DIN 18299 nennt als einzige Nebenleistung, die in einer Leistungsbeschreibung ausdrücklich erwähnt wird, das Einrichten und Räumen der Baustelle. Die Baustelleneinrichtung und das Beräumen der Baustelle können einen Aufwand darstellen, welcher im Vergleich zur eigentlich ausgeschriebenen Leistung der Gebäudeautomation einen hohen Anteil am Angebotsumfang hat.

0.4.2 Besondere Leistungen

Werden Besondere Leistungen (Abschnitt 4.2 aller ATV) verlangt, ist dies in der Leistungsbeschreibung anzugeben; gegebenenfalls sind hierfür besondere Ordnungszahlen (Positionen) vorzusehen.

Besondere Leistungen gehören nur zum Vertragsumfang, wenn sie in der Leistungsbeschreibung auch aufgeführt sind (entgegen den Nebenleistungen nach Abschnitt 4.1 der ATV DIN 18299 ff.). Als stehender Begriff wird Besondere

Leistung groß geschrieben. Sind Besondere Leistungen zum Zeitpunkt der Ausschreibung bekannt, sind sie in gesonderten Positionen in der Leistungsbeschreibung zu erfassen.

Werden auszuführende Besondere Leistungen im Laufe der Ausführung notwendig, gelten für die Vertragspflichten und die Vereinbarung dann § 1 Absatz 4 und § 2 Absatz 6 VOB/B.

Im Abschnitt 0.4.2 ATV DIN 18299 und den Abschnitten 0.4.2 ATV DIN 18300 ff. werden für Besondere Leistungen keine Beispiele genannt. In den Abschnitten 4.2 der ATV DIN 18299 ff. werden Besondere Leistungen „für übliche Regelfälle des Bauens" in einer Auflistung genannt, die jedoch nicht abschließend ist.

0.4.b   ATV DIN 18386

Keine ergänzende Regelung zur ATV DIN 18299, Abschnitt 0.4.

Die ATV DIN 18386 hat keine ergänzenden Regelungen zur ATV DIN 18299.

0.5   Abrechnungseinheiten

0.5   Abrechnungseinheiten

Abschnitt 0.5 der ATV DIN 18299 ff. enthält Vorgaben zu Positionen und Abrechnungseinheiten für Teilleistungen in Leistungsverzeichnissen.

Die Hinweise zum Abschnitt 0 der ATV DIN 18299 sowie der ATV DIN 18386 dieses Kommentars gelten auch hier.

0.5.a   ATV DIN 18299

Im Leistungsverzeichnis sind die Abrechnungseinheiten für die Teilleistungen (Positionen) gemäß Abschnitt 0.5 der jeweiligen ATV anzugeben.

In Leistungsverzeichnissen sind für Teilleistungen Positionen (an anderer Stelle in diesem Kommentar Ordnungszahlen genannt) für alle Gewerke nach ATV DIN 18300 ff. zu schaffen. Für die Positionen sind nach den Vorgaben des jeweiligen Abschnittes 0.5 der ATV DIN 18300 ff. die dort festgelegten Abrechnungseinheiten zu verwenden. Gleichartige Leistungen sind mit gleichen Abrechnungseinheiten auszuschreiben, um dann die Positionen entsprechend kalkulieren und abrechnen zu können. Die Hauptausschüsse des DVA haben

Festlegungen über alle ATV DIN 18299 ff. zu einheitlichen Abrechnungseinheiten getroffen, so dass bei strikter Anwendung der vorgeschlagenen Abrechnungseinheiten kaum Streitigkeiten bei Aufmaß und Abrechnung entstehen.

Auch für während der Ausführung notwendige und nicht in der Leistungsbeschreibung enthaltene Arbeiten gemäß § 2 Absatz 5 VOB/B bzw. § 2 Absatz 6 VOB/B sind entsprechende Positionen und Abrechnungseinheiten eine gute Grundlage für die Bestimmung der Anspruchsgrundlage.

0.5.b   ATV DIN 18386

Im Leistungsverzeichnis sind die Abrechnungseinheiten wie folgt vorzusehen:

Abschnitt 0.5 der ATV DIN 18386 enthält Vorgaben zu Abrechnungseinheiten für das Gewerk Gebäudeautomation.

0.5.1   Längenmaß (m), getrennt nach Art, Maßen und Ausführung, für
- *Kabel,*
- *Leitungen,*
- *Drähte,*
- *Rohre und Verlegesysteme.*

Für Kabel, Leitungen, Drähte, Rohre und Verlegesysteme ist als Abrechnungseinheit für Positionen in einem Leistungsverzeichnis das Längenmaß Meter (m) zu verwenden. Dabei sind die Positionen nach Art, Abmessung und Ausführung (z. B. verlegen in Rohre, Unterputzverlegung etc.) getrennt auszuschreiben.

0.5.2   Anzahl (St), getrennt nach Art und Leistungsmerkmalen, für

Alle im Abschnitt 0.5.2 ATV DIN 18386 genannten Komponenten, Bauteile und Funktionen sind nach Art und Leistungsmerkmal getrennt auszuschreiben und die Abrechnungseinheit erfolgt nach Anzahl (Stück).

0.5.2.1   Systemkomponenten der Hardware wie
- *Managementeinrichtungen und deren Peripheriegeräte,*
- *Kommunikationseinheiten, z. B. Modems und Datenschnittstelleneinheiten,*

- *Automationseinrichtungen und deren Bauteile,*
- *lokale Vorrangbedieneinrichtungen, z. B. Ein- und Ausgabeeinheiten,*
- *anwendungsspezifische Automationsgeräte, z. B. Einzelraumregler, Heizkesselregler,*
- *Bedien- und Programmiereinrichtungen,*
- *Sensoren, z. B. Fühler,*
- *Aktoren, z. B. Regelventile,*
- *Steuerungsbaugruppen, z. B. lokale Vorrangbedieneinrichtungen, Handbedienungen, Sicherheitsschaltungen, Koppelbausteine.*

Alle unter Abschnitt 0.5.2.1 ATV DIN 18386 genannten Systemkomponenten sind nach Art und Leistungsmerkmal mit der Abrechnungseinheit Stück in der Leistungsbeschreibung auszuschreiben. So sind z. B. auch alle Bauteile einer Automationseinrichtung, lokale Vorrangbedieneinrichtungen, Handbedienungen, Koppelbausteine etc. nach Stück auszuschreiben, pauschale Angaben und Zusammenfassungen sind nicht zulässig.

0.5.2.2   *Bauteile wie*
- *Schaltschrankgehäuse einschließlich Zubehör,*
- *Sonderzubehör, z. B. Schaltschranklüftungen und Schaltschrankkühlungen,*
- *Schließsysteme,*
- *Funktions-, Bezeichnungs- und Hinweisschilder,*
- *Einspeisungen,*
- *Leistungsbaugruppen,*
- *Überstromschutzbaugruppen,*
- *Spannungsversorgungs-Baugruppen,*
- *bauseits beigestellter Einheiten, z. B. Frequenzumformer.*

Die unter Abschnitt 0.5.2.2 genannten Bauteile sind nach Art und Leistungsmerkmal mit der Abrechnungseinheit Stück in einer Leistungsbeschreibung auszuschreiben. Schaltschrankgehäuse mit Zubehör und Sonderzubehör für Schaltschränke neben Einspeisungen, Leistungsbaugruppen etc. sind einzeln in Positionen mit der Abrechnungseinheit Stück in einer Leistungsbeschreibung auszuschreiben. Pauschale Angaben zu Schaltschränken sind nicht zulässig.

0.5.2.3 *Funktionen einschließlich Software und Dienstleistungen, getrennt nach Leistungsmerkmalen entsprechend DIN EN ISO 16484-3 „Systeme der Gebäudeautomation (GA) – Teil 3: Funktionen", für*

- *Ein- und Ausgabefunktionen: Schalten, Stellen, Melden, Messen, Zählen,*
- *Verarbeitungsfunktionen: Überwachen, Steuern, Regeln, Rechnen, Optimieren,*
- *Managementfunktionen, z. B. Aufzeichnung, Archivierung und statistische Analyse,*
- *Visualisierungs- und Bedienungsfunktionen, z. B. Mensch-System-Kommunikation.*

0.5.2.4 *Funktionen einschließlich Software und Dienstleistungen, getrennt nach Leistungsmerkmalen entsprechend VDI 3813 Blatt 2 „Gebäudeautomation (GA) – Raumautomationsfunktionen (RA-Funktionen)", für*

- *Sensor- und Aktorfunktionen,*
- *Bedien- und Anzeigefunktionen (lokal),*
- *Anwendungsfunktionen,*
- *Management- und Bedienfunktionen,*
- *gemeinsame, kommunikative Eingabe- und Ausgabefunktionen (zwischen Fremdsystemen).*

Alle unter den Abschnitten 0.5.2.3 und 0.5.2.4 genannten Funktionen gemäß DIN EN ISO 16484-3 für Anlagenautomation und VDI 3813 Blatt 2 für Raumautomation sind nach Art und Leistungsmerkmal mit der Abrechnungseinheit einzeln als Stück in einer Leistungsbeschreibung auszuschreiben. Pauschale Angaben zu Funktionen oder Positionen als zusammenfassende Position mehrerer einzelner Funktionen nach DIN EN ISO 16484-3 bzw. VDI 3813 Blatt 2 sind nicht zulässig.

Die Mengenermittlung für die Leistungsbeschreibung und damit für die Kalkulation durch den Bieter erfolgt über GA-Funktionslisten nach DIN EN ISO 16484-3 und RA-Funktionslisten nach VDI 3813 Blatt 2. Diese Funktionslisten werden nach erfolgter Montageplanung und Ausführung zur Mengenermittlung im Aufmaß und zur Abrechnung der Leistung herangezogen (siehe hierzu auch Abschnitt 5.2.2 der ATV DIN 18386), da sie ein Teil der Dokumentation des Auftragnehmers nach Abschnitt 3.5 ATV DIN 18386 sind.

1 Geltungsbereich

1.1.a ATV DIN 18299

1 Geltungsbereich

Die ATV DIN 18299 „Allgemeine Regelungen für Bauarbeiten jeder Art" gilt für alle Bauarbeiten, auch für solche, für die keine ATV in VOB/C – ATV DIN 18300 bis ATV DIN 18459 – bestehen.

Abweichende Regelungen in den ATV DIN 18300 bis ATV DIN 18459 haben Vorrang.

Wie in der ATV DIN 18299 unter Abschnitt 1 erläutert, ist die ATV DIN 18299 so formuliert, dass sie allgemeingültig für alle Bauarbeiten angewendet werden kann, auch für Bauarbeiten, für die zum heutigen Zeitpunkt (noch) keine ATV bestehen. Gemäß § 1 Absatz 1 Satz 2 VOB/B werden die ATV DIN 18299 mit den ATV DIN 18300 ff. Bestandteil des Bauvertrages, wenn die VOB/B vereinbart ist.

Die Regelungen der ATV DIN 18300 ff. haben – wenn sie zu den in der ATV DIN 18299 getroffenen Regelungen abweichen – generell Vorrang. ATV DIN 18299 gilt neben Regelungen in den spezifischen ATV immer mit und müssen von Auftraggeber, Ausschreibenden und Auftragnehmer vollständig beachtet werden.

Im Abschnitt 1.3 der spezifischen ATV DIN 18300 ff. wird nochmals darauf verwiesen, dass die jeweils spezifischen ATV ergänzend zur ATV DIN 18299 gelten und bei Widersprüchen die Regelungen der jeweils spezifischen ATV DIN vorgehen.

1.1.b ATV DIN 18386

1 Geltungsbereich

1.1 Die ATV DIN 18386 „Gebäudeautomation" gilt für die Herstellung von Systemen zum Messen, Steuern, Regeln, Managen und Bedienen technischer Anlagen.

ATV DIN 18386 gilt für die Herstellung von Systemen der Gebäudeautomation. Die Systeme der Gebäudeautomation umfassen die Systeme der Anlagenautomation gemäß DIN EN ISO 16484, die Systeme der Raumautomation gemäß VDI 3813 und die Management- und Bedieneinrichtung (siehe Abb. 3).

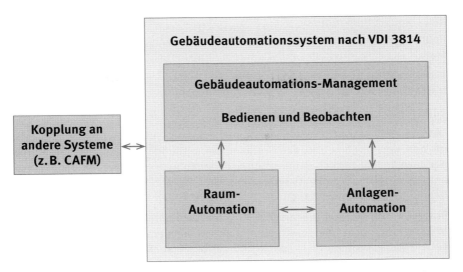

Abb. 3: Struktur der Gebäudeautomation im neuen Gewand (Abbildung nach einem Vorschlag von Prof. Dr. Martin Becker/Hochschule Biberach)

Die DIN 276 beschreibt in der Kostengruppe 480 alle für die Ermittlung der Kosten notwendigen Bestandteile der Gebäudeautomation. Die Kostengruppe 480 in DIN 276 wird innerhalb der Kostengliederung wie folgt gegliedert:

480 Gebäudeautomation,
Kosten der anlageübergreifenden Automation,

481 Automationssysteme,
Automationsstationen mit Bedien- und Beobachtungseinrichtungen, GA-Funktionen, Anwendungssoftware, Lizenzen, Sensoren und Aktoren, Schnittstellen zu Feldgeräten und anderen Automationseinrichtungen,

482 Schaltschränke,
Schaltschränke zur Aufnahme von Automationssystemen (KG 481) mit Leistungs-, Steuerungs- und Sicherungsbaugruppen einschließlich zugehöriger Kabel und Leitungen, Verlegesysteme soweit nicht in anderen Kostengruppen erfasst,

483 Management- und Bedieneinrichtungen,
Übergeordnete Einrichtungen für Gebäudeautomation und Gebäudemanagement mit Bedienstationen, Programmiereinrichtungen, Anwendungssoftware, Lizenzen, Servern, Schnittstellen zu Automationseinrichtungen und externen Einrichtungen,

484 Raumautomationssysteme,

Raumautomationsstationen mit Bedien- und Anzeigeeinrichtungen, Schnittstellen zu Feldgeräten und andere Automationseinrichtungen,

485 Übertragungsnetze,

Netze zur Datenübertragung, soweit nicht in anderen Kostengruppen erfasst,

489 Gebäudeautomation, Sonstiges.

Die Kostengliederung dient während des Planungs- und Errichtungsprozesses für den Kostenrahmen in der Grundlagenermittlung, zur Kostenschätzung in der Vorplanung, zur Kostenberechnung in der Entwurfsplanung, für den Kostenanschlag bei der Angebotsauswertung und für die Kostenfeststellung nach Beendigung des Bauvorhabens.

Systeme zum **Messen** technischer Anlagen beinhalten die Komponenten der Messtechnik, d. h. Messwertgeber, Fühler, Temperaturgeber, Widerstandsgeber, Messwertumformer, Zähler und Zählwertgeber. Sie umfasst auch evtl. vorhandene oder einzurichtende Schnittstellen zum Auslesen von Mess- und Zählwerten.

Systeme zum **Steuern und Regeln** technischer Anlagen umfassen die Systeme der Automationseinrichtungen (Systeme zum Regeln und Steuern), d. h. alle Einrichtungen zur Überwachung, Steuerung, Regelung und Optimierung der technischen Anlagen, basierend auf unterschiedlichen komplexen Programmteilen. Hierzu gehören auch sonstige in die Gebäudeautomation verlagerte Steuerungs- und Regelungsaufgaben von z. B. Kältemaschinen, Brennern und Kesseln. Um die Gebäudeautomationsaufgaben zu erfüllen, müssen Verarbeitungsfunktionen verknüpft werden.

Systeme zum **Managen und Bedienen** bestehen aus Hardware, Software und zu erbringenden Dienstleistungen. Die Hardwareeinrichtungen bestehen z. B. aus Serverstationen, dezentralen Bedieneinheiten als PC, Bedieneinheiten als Touch-PC und Drucker an einzelnen Bedienplätzen der übergeordneten Management- und Bedieneinrichtung. Die Software beinhaltet neben Betriebssystem und Grundsoftware für die Verarbeitungsfunktionen auch Werkzeuge zur Erstellung von Betriebsoptimierungs- und Energiemanagementprogrammen.

Systeme zur Datenübertragung (**Übertragungsnetze**) sind Netzwerke und ihre Bestandteile zur Verbindung aller Komponenten der Gebäudeautomation (siehe hierzu Abb. 4). Sie werden in der ATV DIN 18386 Abschnitt 1.1 nicht erwähnt, müssen jedoch in der Leistungsbeschreibung beschrieben werden, da eine Funktion der Gebäudeautomation und ihrer Komponenten ohne die Verbindung zwischen ihnen (Übertragungsnetze/Netzwerke) im Sinne der ATV DIN 18386 nicht gegeben ist.

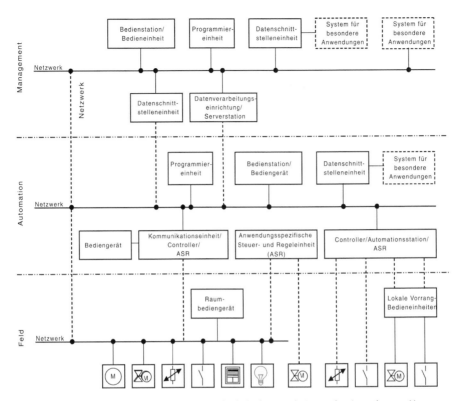

Quelle: VDI 3814 Blatt 1; Wiedergegeben mit Erlaubnis des Verein Deutscher Ingenieure e. V.

Abb. 4: Struktur gemäß DIN EN ISO 16484/VDI 3814 Blatt1

1.2 Die ATV DIN 18386 gilt nicht für funktional eigenständige Einrichtungen, z. B. Kältemaschinensteuerungen, Brennersteuerungen, Aufzugssteuerungen.

Sollten andere Gewerke funktional eigenständig Regelungs- und Steuerungseinrichtungen liefern, montieren und in Betrieb nehmen, gilt die ATV DIN 18386 nicht für diese Einrichtungen.

Funktional eigenständige Einrichtungen sind Anlagen, Maschinen oder Aggregate, die für ihre bestimmungsgemäße Nutzung eine eigenständige Automationseinrichtung besitzen. Solche maschinellen bzw. elektrotechnischen Anlagen und Einrichtungen bilden insbesondere auch hinsichtlich der Gewähr-

leistung mit den dazugehörigen Steuerungs- und Regelungssystemen eine funktionale Einheit. Derartige funktional eigenständige Einrichtungen können sein
- Abwasserbehandlungsanlagen
- Aufzugsanlagen
- Heizkessel
- Jalousiesteuerungen
- Kältemaschinen
- Klimageräte
- Klimakammern
- Kühlgeräte
- Trinkwasseraufbereitungsanlagen
- und dergleichen.

Für den Fall, dass diese Einrichtungen mit der Gebäudeautomation Informationen austauschen, gilt die ATV DIN 18386 ab Übergabepunkt der Information bzw. ab Liefergrenze der Datenschnittstelleneinrichtung.

Bei der Erstellung der Leistungsbeschreibung ist darauf zu achten, dass die Schnittstelle zu diesen Einrichtungen vom Auftraggeber eindeutig und erschöpfend beschrieben wird.

1.3 Ergänzend gilt die ATV DIN 18299 „Allgemeine Regelungen für Bauarbeiten jeder Art", Abschnitte 1 bis 5. Bei Widersprüchen gehen die Regelungen der ATV DIN 18386 vor.

An dieser Stelle sei auf die Ausführungen zu den Abschnitten 1 bis 5 der ATV DIN 18299 und der ATV DIN 18386 in diesem Kommentar verwiesen. Sollten Widersprüche zwischen der ATV DIN 18299 und der ATV DIN 18386 auftreten, gelten die Regelungen der ATV DIN 18386.

2   Stoffe, Bauteile

2.1.a   ATV DIN 18299

2   Stoffe, Bauteile

2.1   Allgemeines

2.1.1   Die Leistungen umfassen auch die Lieferung der dazugehörigen Stoffe und Bauteile einschließlich Abladen und Lagern auf der Baustelle.

Für Stoffe und Bauteile gilt, dass die Lieferung, das Abladen und Lagern auf der Baustelle im Einzelpreis durch den Anbieter zu kalkulieren ist. Sollten besondere Umstände dabei zu berücksichtigen sein, sind diese in der Leistungsbeschreibung zu nennen (siehe auch Abschnitt 0.3.1 der ATV DIN 18299).

In dieser Vertragsbestimmung wird festgelegt, dass Leistungspositionen im Leistungsverzeichnis stets die Montage und die Lieferung der Stoffe und Bauteile umfassen, auch wenn dies nicht ausdrücklich durch den Zusatz „liefern und montieren" ausgedrückt wird. Gleichzeitig muss der Einheitspreis stets das Abladen, Lagern und den Transport der Stoffe auf der Baustelle beinhalten, wobei im Regelfall der Auftraggeber dem Auftragnehmer die notwendigen Lager- und Arbeitsplätze unentgeltlich zu überlassen hat (§ 4 Absatz 4 VOB/B). Abweichungen von dieser Regel muss der Auftraggeber in der Leistungsbeschreibung angeben.

2.1.2 Stoffe und Bauteile, die vom Auftraggeber beigestellt werden, hat der Auftragnehmer rechtzeitig beim Auftraggeber anzufordern.

Sollte der Auftraggeber Stoffe und Bauteile beistellen, hat der Auftragnehmer rechtzeitig diese bei Bedarf anzufordern. Zum Beispiel können bei der Gebäudeautomation durch den Auftraggeber Netzwerkkomponenten oder anteilige Netzwerke bereitgestellt werden. Um an die durch den Auftraggeber gelieferte/ bereitgestellte Leistung im Rahmen des Terminplans ohne Verzögerung weitere Leistungen zu erbringen, ist der Auftraggeber rechtzeitig über die Notwendigkeit der zu erbringenden Leistung in Kenntnis zu setzen, so dass es zu keinen Verzögerungen im Bauablauf kommt.

Der Auftragnehmer hat die gelieferten sowie durch Auftraggeber beigestellten Stoffe und Bauteile nach gewerbeüblichen Methoden zu prüfen und gegebenenfalls bei beigestellten Stoffen und Bauteilen dem Auftraggeber etwaige Bedenken gemäß § 4 Absatz 3 VOB/B gegen deren Eignung mitzuteilen. Gleiches gilt, wenn aus der Leistungsbeschreibung ein solcher Sachverhalt erkennbar ist. Besteht der Auftraggeber auf Verwendung, trägt er auch die Verantwortung.

2.1.3 Stoffe und Bauteile müssen für den jeweiligen Verwendungszweck geeignet und aufeinander abgestimmt sein.

Der Auftraggeber und der Ausschreibende müssen in der Leistungsbeschreibung Stoffe und Bauteile beschreiben, die im System Gebäudeautomation die geforderte Funktion erfüllen.

2.2 Vorhalten

Stoffe und Bauteile, die der Auftragnehmer nur vorzuhalten hat, die also nicht in das Bauwerk eingehen, dürfen nach Wahl des Auftragnehmers gebraucht oder ungebraucht sein.

Wenn Bauteile und Stoffe nicht in das Bauwerk (also den endgültigen Werk nach Bauvertrag) eingehen und dafür verwendet werden, darf der Auftragnehmer gebrauchte oder ungebrauchte Stoffe und Bauteile verwenden. Im Falle von Provisorien könnte das z. B. der Fall sein (es werden bereits gebrauchte Stoffe und Bauteile verwendet – z. B. eine Automationseinrichtung für eine provisorische Heizungsregelung). Sollte der Auftraggeber von dieser Regelung abweichen wollen, ist das in der Leistungsbeschreibung ausdrücklich anzugeben.

2.3 Liefern

2.3.1   Stoffe und Bauteile, die der Auftragnehmer zu liefern und einzubauen hat, die also in das Bauwerk eingehen, müssen ungebraucht sein. Wiederaufbereitete (Recycling-)Stoffe gelten als ungebraucht, wenn sie den Bedingungen gemäß Abschnitt 2.1.3 entsprechen.

Weiterführend zu Abschnitt 2.2 ATV DIN 18299 trifft der Abschnitt 2.3.1 ATV DIN 18299 Regelungen, nachdem recycelte Stoffe und Bauteile eingesetzt werden dürfen, wenn sie den Bedingungen gemäß Abschnitt 2.1.3 ATV DIN 18299 entsprechen.

Grundsätzlich geht die VOB vom Einsatz neuer und ungebrauchter Stoffe und Bauteile aus. Wenn ein Einsatz von recycelten Stoffen und Bauteilen erforderlich wird, ist dieser Sachverhalt in der Leistungsbeschreibung zu berücksichtigen und zu beschreiben.

2.3.2   Stoffe und Bauteile, für die DIN-Normen bestehen, müssen den DIN-Güte- und DIN-Maßbestimmungen entsprechen.

Im Abschnitt 2.3.2 der ATV DIN 18299 werden u. a. Vorgaben der Mindestqualitäten bzw. Mindeststandards durch den Auftraggeber berücksichtigt. Sollte der Auftraggeber Fragen zur Herstellung der Stoffe und Bauteile haben, hat er das Recht, gemäß § 4 Absatz 1 Nummer 2 VOB/B entsprechende Nachweise einzufordern.

Neben den Anforderungen durch DIN-Normen gelten auch weitere Normen der Zulassung in Deutschland (z. B. europäische und internationale Produktnormen und CE-Kennzeichnung).

2.3.3 Stoffe und Bauteile, die nach den deutschen behördlichen Vorschriften einer Zulassung bedürfen, müssen amtlich zugelassen sein und den Bestimmungen ihrer Zulassung entsprechen.

Kommen Stoffe und Bauteile zur Anwendung, die nach deutschen behördlichen Vorschriften einer Zulassung bedürfen, ist in der Leistungsbeschreibung darauf hinzuweisen. Der Anbieter muss diese Hinweise bei seiner Kalkulation berücksichtigen. Der Ausführende muss diese Zulassungen im Rahmen der Montageplanung und der Dokumentation nachweisen. Bei der Gebäudeautomation können das z. B. Bauteile für bauordnungsrechtlich geforderte Anlagen zur Rauchabführung sein.

2.3.4 Stoffe und Bauteile, für die bestimmte technische Spezifikationen in der Leistungsbeschreibung nicht genannt sind, dürfen auch verwendet werden, wenn sie Normen, technischen Vorschriften oder sonstigen Bestimmungen anderer Staaten entsprechen, sofern das geforderte Schutzniveau in Bezug auf Sicherheit, Gesundheit und Gebrauchstauglichkeit gleichermaßen dauerhaft erreicht wird.

Sofern für Stoffe und Bauteile eine Überwachungs- oder Prüfzeichenpflicht oder der Nachweis der Brauchbarkeit, z. B. durch allgemeine bauaufsichtliche Zulassung, allgemein vorgesehen ist, kann von einer Gleichwertigkeit nur ausgegangen werden, wenn die Stoffe und Bauteile ein Überwachungs- oder Prüfzeichen tragen oder für sie der genannte Brauchbarkeitsnachweis erbracht ist.

Mit den harmonisierten europäischen (CEN-)Normen ist eine Öffnungsklausel zu berücksichtigen, um gleichwertige Produkte aus EU-Staaten zuzulassen. Bei der Form des Nachweises ist zwischen dem öffentlichen Baurecht, dem geregelten und dem ungeregelten Bereich zu unterscheiden. Für den ungeregelten Bereich sind in Bezug auf Sicherheit, Gesundheit, Gebrauchstauglichkeit und Dauerhaftigkeit Festlegungen zu treffen, für den geregelten Bereich ist die Art des Nachweises vorgeschrieben.

2.1.b ATV DIN 18386

2 Stoffe, Bauteile

Ergänzend zur ATV DIN 18299, Abschnitt 2, gilt:

Die gebräuchlichsten Stoffe und Bauteile sind in DIN EN 60529 (VDE 0470-1) „Schutzarten durch Gehäuse (IP-Code)" aufgeführt.

Schalt- oder Steuerschränke müssen mindestens der Schutzart IP 43 nach DIN EN 60529 (VDE 0470-1) entsprechen.

Ergänzende Angaben zu den Erläuterungen der ATV DIN 18299 in diesem Kommentar sind in der DIN EN 60529 (VDE 0470-1) zu finden. Die Mindestschutzart für Steuer- und Schaltschränke der Gebäudeautomation ist mit IP 43 nach 60529 (VDE 0470-1) festgelegt.

3 Ausführung

3 Ausführung

Gemäß § 2 Absatz 1 VOB/B sind die in Abschnitt 3 aller ATV beschriebenen Leistungen in der Regel mit der vereinbarten Vergütung abgegolten. Aus diesem Grund gibt der Abschnitt 3 ATV DIN 18299 auch an, welche Leistungen nicht als Nebenleistung erwartet werden können (Verweise zur beschriebenen Leistung auf Abschnitt 4.2.1 ATV DIN „Besondere Leistung").

Um eine vertragsgerechte und mangelfreie Leistung zu erstellen, gibt der Abschnitt 3 Hinweise, die als „Regelausführung" verstanden werden. Diese „Regelausführung" ist die gemäß anerkannten Regeln der Technik und mindestens zu erbringende Ausführung, wenn die Leistungsbeschreibung keine davon abweichende Ausführung vorgibt. Wenn keine stärker detaillierten Vorgaben in der Leistungsbeschreibung getroffen wurden, wird diese sogenannte „Regelausführung" beim VOB/B-Bauvertrag vom Auftragnehmer geschuldet.

3.1.a ATV DIN 18299

3.1 Wenn Verkehrs-, Versorgungs- und Entsorgungsanlagen im Bereich der Baustelle liegen, sind die Vorschriften und Anordnungen der zuständigen Stellen zu beachten. Kann die Lage dieser Anlagen nicht angegeben werden, ist sie zu erkunden. Leistungen zur Erkundung derartiger Anlagen sind Besondere Leistungen (siehe Abschnitt 4.2.1).

Dieser Abschnitt wendet sich vor allem an den Auftraggeber. Denn der Auftraggeber muss den Auftragnehmer über die genaue Lage von Anlagen (auch über Leitungen auf dem Grundstück der Baumaßnahme) und über Vorschriften und Anordnungen der zuständigen Stellen informieren (siehe hierzu auch VOB/A Berücksichtigung der Auflagen der zuständigen Stellen durch den Auftraggeber).

Erkundungen, die das Ziel haben, die genaue Lage von Verkehrs-, Versorgungs- und Entsorgungsanlagen zu dokumentieren, sind besondere Leistungen.

3.2 Die für die Aufrechterhaltung des Verkehrs bestimmten Flächen sind freizuhalten. Der Zugang zu Einrichtungen der Versorgungs- und Entsorgungsbetriebe, der Feuerwehr, der Post und Bahn, zu Vermessungspunkten und dergleichen darf nicht mehr als durch die Ausführung unvermeidlich behindert werden.

Abschnitt 3.2 ATV DIN 18299 soll einen möglichst ungehinderten Verkehr, eine Ver- und Entsorgungssicherheit sowie die allgemeine Sicherheit auf der Baustelle gewährleisten.

Der Auftragnehmer muss mit dem Auftraggeber bzw. mit den Bevollmächtigten des Auftraggebers Abstimmungen über die Lage der ihm zur Verfügung stehenden Lager- und Transportflächen treffen sowie für die Einhaltung der Abstimmungen Sorge tragen.

3.3 Werden Schadstoffe vorgefunden, z. B. in Böden, Gewässern, Stoffen oder Bauteilen, ist dies dem Auftraggeber unverzüglich mitzuteilen. Bei Gefahr im Verzug hat der Auftragnehmer die notwendigen Sicherungsmaßnahmen unverzüglich durchzuführen. Die weiteren Maßnahmen sind gemeinsam festzulegen. Die erbrachten und die weiteren Leistungen sind Besondere Leistungen (siehe Abschnitt 4.2.1).

Im Bereich der Gebäudeautomation sind mögliche Schadstoffe alle Stoffe und Bauteile, deren Entsorgung und Beseitigung nach geltenden gesetzlichen Bestimmungen und Verordnungen überwacht werden müssen. Die Entsorgung und Beseitigung von Schadstoffen ist eine Besondere Leistung nach Abschnitt 4.2.1 der ATV DIN 18299. Nach Abschnitt 0.1.20 ATV DIN 18299 muss in der Leistungsbeschreibung der Umfang der Schadstoffbelastung durch den Auftraggeber beschrieben werden.

3.1.b   ATV DIN 18386

3   Ausführung

Ergänzend zur ATV DIN 18299, Abschnitt 3, gilt:

Die in der ATV DIN 18386 genannten Hinweise gelten ergänzend (so wie alle Abschnitte der ATV DIN 18386) zur ATV DIN 18299.

3.1   Allgemeines

3.1.1   Für die Herstellung von Systemen der Gebäudeautomation gelten:

DIN EN ISO 16484-1	Systeme der Gebäudeautomation (GA) – Teil 1: Projektplanung und -ausführung
DIN EN ISO 16484-2	Systeme der Gebäudeautomation (GA) – Teil 2: Hardware
DIN EN ISO 16484-3	Systeme der Gebäudeautomation (GA) – Teil 3: Funktionen
VDI 3813 Blatt 2	Gebäudeautomation (GA) – Raumautomationsfunktionen (RA-Funktionen)
VDI 3814 Blatt 5	Gebäudeautomation (GA) – Hinweise zur Systemintegration

Bei der Herstellung von Systemen der Gebäudeautomation gelten neben den anerkannten Regeln der Technik im Besonderen die unter Abschnitt 3.1.1 genannten Regeln der Technik in der Gebäudeautomation. Neben den genannten Normungen gelten alle anzuwendenden anerkannten Regeln der Technik (siehe hierzu auch § 4 Absatz 2 Nummer 1 Satz 2 VOB/B).

3.1.2   Die Einrichtungen und Anlagen der Gebäudeautomation sind so aufeinander abzustimmen, dass die geforderten Funktionen erbracht werden, die Betriebssicherheit gegeben ist sowie ein effizienter Betrieb möglich ist.

Ergänzend zu Abschnitt 2.1.3 der ATV DIN 18299 (Stoffe und Bauteile müssen für den jeweiligen Verwendungszweck geeignet sein) ist für die Gebäudeautomation im Abschnitt 3.1.2 der ATV DIN 18386 festgelegt, dass die eingesetzten Einrichtungen und Anlagen aufeinander abzustimmen sind.

Im Abschnitt 3.1.2 werden folgende Ausführungskriterien für die Gebäudeautomation festgelegt:

- Geforderte Funktion
- Betriebssicherheit
- Effizienter Betrieb.

Diese Ausführungskriterien sind für die Planung und bei der Ausführung zu berücksichtigen.

Um die **geforderte Funktion** zu beschreiben, sind konkrete verbale Funktionsbeschreibungen bzw. Funktionsgraphen gemäß VDI 3814 Blatt 6 erforderlich. Gemäß Abschnitt 3.1.3 der ATV DIN 18386 sind Funktions-Fließschemata oder Beschreibungen der Funktion durch den Auftraggeber an den Auftragnehmer zu übergeben. Auf Basis dieser Funktionsbeschreibungen erfolgt dann die Errichtung der Systeme der Gebäudeautomation durch den Auftragnehmer. Die **Betriebssicherheit** der Anlagen kann dann ausreichend erfüllt werden, wenn alle Angaben zur Betriebssicherheit (Sollwerte, Betriebszeiten, notwendige Redundanzen) in der Funktionsbeschreibung beschrieben und in der Leistungsbeschreibung berücksichtigt wurden. Eine vollständige Inbetriebnahme mit Dokumentation nach Abschnitt 3.3 ATV DIN 18386 ist nach erfolgter Errichtung (auf Basis der Funktionsbeschreibung in der Leistungsbeschreibung des Auftraggebers) ein wesentlicher Bestandteil für eine hohe Betriebssicherheit und einen **effizienten Betrieb**.

3.1.3 Zu den für die Ausführung notwendigen, vom Auftraggeber zu übergebenden Unterlagen (siehe § 3 Abs. 1 VOB/B) gehören insbesondere:
- Funktionslisten nach DIN EN ISO 16484-3 und VDI 3813 Blatt 2 bei Anbindung von Fremdsystemen mit Angaben nach VDI 3814 Blatt 51),
- Anlagenschemata,
- Funktions-Fließschemata oder Beschreibungen,
- Zusammenstellung der Sollwerte, Grenzwerte und Betriebszeiten,
- Ausführungspläne,
- Daten zur Auslegung der Stellglieder und Stellantriebe,
- Leistungsaufnahmen der elektrischen Komponenten,
- Adressierungskonzept,
- Brandschutzkonzept,

– Störungsmelde- und Störungsmeldeweiterleitungskonzepte,
– Visualisierungskonzept.

Gemäß § 3 Absatz 1 VOB/B sind dem Auftragnehmer rechtzeitig vor Beginn der Arbeiten unentgeltlich die für die Ausführung notwendigen Unterlagen zu übergeben. Abschnitt 3.1.3 der ATV DIN 18386 führt die Unterlagen auf.

Die **Funktionslisten** gemäß DIN EN ISO 16484-3 werden je Anlage und die VDI 3813 Blatt 2 je Raum/Raumtyp übergeben. In diesen Funktionslisten sind alle Funktionen gemäß Leistungsbeschreibung enthalten. So bestimmen z. B. für die Anlagenautomation die physikalischen Ein- und Ausgänge (Abschnitt 1 der GA-Funktionsliste gemäß VDI 3814 Blatt 1) den Aufbau der Hardware, die gemeinsamen Ein- und Ausgänge (Abschnitt 2 der GA-Funktionsliste gemäß VDI 3814 Blatt 1) den Umfang von erforderlichen Datenschnittstelleneinrichtungen (DSE) und notwendige Dienstleistungen zur Implementierung von Daten, die Verarbeitungsfunktionen (Abschnitte 3 bis 6 der GA-Funktionsliste gemäß VDI 3814 Blatt 1) den Umfang der Umsetzung der Steuerungs- und Regelungsaufgaben in der Software der Automationsstation und die Angaben zu Management- und Bedienfunktionen (Abschnitte 7 und 8 der GA-Funktionsliste gemäß VDI 3814 Blatt 1) den Aufbau und den Umfang der Dienstleistungen der Management- und Bedieneinrichtung (MBE) der Gebäudeautomation.

Gleiches gilt für die Raumautomation. Beispielsweise bestimmen die Sensor- und Aktorfunktionen (Abschnitte 2 und 3 der RA-Funktionsliste gemäß VDI 3813 Blatt 2) Art und Anzahl der Aktoren und Sensoren, die Kommunikativen Ein- und Ausgabefunktionen (Abschnitt 4 der RA-Funktionsliste gemäß VDI 3813 Blatt 2) den Umfang der Dienstleistungen und notwendiger Datenschnittstelleneinrichtungen, die Bedien- und Anzeigefunktionen (lokal) (Abschnitt 5 der RA-Funktionsliste gemäß VDI 3813 Blatt 2) die notwendigen Dienstleistungen an der Bedienstelle lokal (also vor Ort im Raum), die Anwendungsfunktionen (Abschnitt 6 der RA-Funktionsliste gemäß VDI 3813 Blatt 2) die Umsetzung der Funktionen in der Software der Raumautomation und die Angaben zu Management- und Bedienfunktionen (Abschnitte 7 und 8 der RA-Funktionsliste gemäß VDI 3813 Blatt 2) den Aufbau und den Umfang der Dienstleistungen der Management- und Bedieneinrichtung (MBE) der Gebäudeautomation.

Anlagenschemata zeigen den Aufbau der durch die Gebäudeautomation anzusteuernden und zu regelnden Anlagen mit Aktorik und Sensorik sowie notwendigen Zusammenhängen in der Steuerung und Regelung sowie Angaben zu Funktionszusammenhängen (siehe hierzu auch die Hinweise zu Anlagenschema in VDI 3814 Blatt 1 für Anlagenautomation und Raumautomationsschema in VDI 3813 Blatt 2 für Raumautomation).

Das **Funktions-Fließschema** bzw. die **Anlagenbeschreibung** dient zur eindeutigen Beschreibung der Funktion der zu errichtenden Anlage, um dem Ausführenden klare Angaben zur zu programmierenden Funktion zu geben. Hierzu kann auch die Darstellung des Zustandsgraphen gemäß VDI 3814 Blatt 6 genutzt werden. So sind für folgende Betriebsfälle Angaben in der Beschreibung für die Programmierung zu machen:

– Normalbetrieb

– eingeschränkten Betrieb

– Anfahrbetrieb

– Notbetrieb

– Instandhaltungsbetrieb

– Störbetrieb

– Handbetrieb

– Angaben zur Kopplung der Anlagen mit anderen betriebstechnischen Anlagen

Um alle notwendigen Angaben zur Programmierung zu erhalten, muss der Auftraggeber mit den Planunterlagen der Ausführungsplanung alle **Sollwerte, Grenzwerte und Betriebszeiten** an den Ausführenden übergeben, damit dieser in der Software der Automationseinrichtungen diese Vorgaben umsetzen kann. Dazu zählen beispielsweise folgende Angaben:

– Raumtemperaturen

– Wassertemperaturen VL/RL

– Zuluft Min- und Max-Temperaturen

– Raumluftfeuchten

– Begrenzungsmesswerte aller physikalischer Regelgrößen

– Luftdrücke

– Volumenströme

Dem Ausführenden sind alle **Ausführungspläne** der Gebäudeautomation zu übergeben. Dazu zählen unter anderen:

– GA-Funktionslisten

– RA-Funktionslisten

– Grundrisse der Gebäudeautomation

- Schemata der Gebäudeautomation mit Informationsschwerpunkten, DSE und MBE einschließlich Darstellung der Netzwerkstruktur
- Automations- und Raumautomationsschemata
- alle Angaben unter Abschnitt 3.1.3 ATV DIN 18386
- notwendige weitere Schemata oder Pläne, die zur Ausführung zwingend notwendig sind

Um den Ausführenden in die Lage zu versetzen, die in der Leistungsbeschreibung enthaltenen Dimensionierungen zu prüfen, sind dem Ausführenden die Daten zur **Auslegung der Stellglieder und Stellantriebe** und die **Leistungsaufnahmen der elektrischen Komponenten** zur Verfügung zu stellen. Hier sind vom Auftraggeber alle Angaben zu machen, die für die richtige Auswahl und Bemessung der Stellglieder nötig sind. Neben Angaben zur Durchflussleistung bei Ventilen sind insbesondere noch Angaben zu den Rohrleitungsdifferenzdrücken, den Medientemperaturen und den geforderten Schließdrücken zu machen, bzw. werden für die Auslegung von Stellantrieben für Luftklappen Klappenfläche, Kanalquerschnitt, Luftdrücke, Hebelkräfte oder Drehmomente benötigt.

Wenn bei der Ausführung der Leistung für die Gebäudeautomation **Adressierungskonzepte** berücksichtigt werden müssen, sind alle notwendigen Angaben dazu dem Ausführenden zu übergeben.

Um alle notwendigen bauordnungsrechtlichen Vorgaben bei der Ausführung der Gebäudeautomationsleistungen berücksichtigen zu können, ist dem Ausführenden das **Brandschutzkonzept** zu übergeben. Das können z. B. Anforderungen an den Funktionserhalt oder auch an Zusammenhänge des Wirkprinzips von Anlagen sein.

Damit der Ausführende notwendige **Alarmierungskonzepte** vollständig und fehlerfrei ausführen kann, müssen ihm Störungsmelde- und Störungsmeldeweiterleitungskonzepte übergeben werden, aus denen hervorgeht, wie die Störmeldungsweiterleitung zu welcher Betriebszeit realisiert werden muss (z. B. innerhalb von Betriebszeiten an eine interne Stelle und außerhalb von Betriebszeiten an eine externe Stelle zur Benachrichtigung von Personal zur Störungsbeseitigung).

Sind **Visualisierungskonzepte** vorhanden (z. B. in Bestandsliegenschaften), muss der Ausführende diese erhalten, damit die durch ihn zu erbringende Leistung sich an die Vorgaben hält und der Nutzer in seiner Liegenschaft eine durchgehende Management- und Bedienungsphilosophie an der MBE nach Fertigstellung hat.

3.1.4 Der Auftragnehmer hat nach den Planungsunterlagen und Berechnungen des Auftraggebers die für die Ausführung erforderlichen Montage- und Werkstattzeichnungen zu erbringen und, soweit erforderlich, mit dem Auftraggeber abzustimmen. Dazu gehören insbesondere:

- Automationsschemata mit Darstellung der wesentlichen Funktionen auf Basis der Anlagenschemata entsprechend Anlagenplanung,
- Stromlaufpläne nach DIN EN 61082-1 (VDE 0040-1) „Dokumente der Elektrotechnik – Teil 1: Regeln",
- Automationsstations-Belegungspläne einschließlich Adressierung,
- Übersichtsplan mit Eintragung der Standorte der Bedieneinrichtungen und Informationsschwerpunkte,
- Funktionsbeschreibungen,
- Montagepläne mit Einbauorten der Feldgeräte,
- Kabellisten mit Funktionszuordnung und Leistungsangaben,
- Stücklisten.

Montagepläne sind die Pläne, die der Auftragnehmer nach den Ausführungsplänen des Auftraggebers mit den endgültigen Abmessungen und Lagen der einzelnen Bauteile der Anlagen der Gebäudeautomation erstellt. Nach diesen Plänen wird die Montage der Anlagen vorgenommen. Montagepläne können erst angefertigt werden, nachdem der Auftragnehmer alle Einzelheiten der Ausführung festgelegt hat. Die Ausführungsplanung des Auftraggebers wird im Rahmen der Montageplanung vom Auftragnehmer ergänzt, systembedingt angepasst oder vervollständigt.

Werkstattzeichnungen muss der Auftragnehmer für alle von ihm selbst zu fertigenden Bauteile erstellen, da sie die Arbeitsgrundlage für die Arbeiten in seiner Werkstatt bilden. Die Pläne bilden in Verbindung mit Maßangaben von Bauteilen, wie z. B. Schaltschränken, Automationsstationen, die Voraussetzung für die vorgenannten Montagepläne. Die Montagepläne und Werkstattzeichnungen bilden die Grundlage für die Lieferungen und Leistungen des Auftragnehmers.

Die vom Auftraggeber übergebenen **Anlagenschemata** sind vom Auftragnehmer zu prüfen und in Montagepläne zu überführen. Diese dienen dann als Grundlage für die weitere Montageplanung des Auftragnehmers.

Stromlaufpläne beinhalten eine ausführliche Darstellung aller Schaltungen der Schaltschränke mit ihren Einzelheiten. Sie zeigen die Arbeitsweise der elektrischen Einrichtungen und vermitteln die funktionellen Abläufe einer elektrischen Schaltung. Diese Pläne sind als Ergänzung zu den Automationsschemata und den Funktionsbeschreibungen zu sehen und sind dann als Werkstattpläne die Grundlage für den Bau der Schaltschränke. Die Pläne müssen eine Frontansicht beinhalten, aus der die Lage eventueller Bedienelemente zu ersehen ist. Die Frontansichten müssen mit Maßen versehen sein.

Vom Auftragnehmer ist in den **Automationsstations-Belegungsplänen einschließlich Adressierung** darzustellen, mit welchen Systemkomponenten (Hardware) er die Automatisierungsaufgaben realisiert. Die physikalischen Ein- und Ausgänge sowie notwendige Datenschnittstelleneinrichtungen für gemeinsame Kommunikationsfunktionen müssen in ihrer technischen Einbaulage festgelegt und bezeichnet sein. Auch die Zuordnung der Ein- und Ausgänge zu den jeweiligen Sensoren und Aktoren muss in den Unterlagen eindeutig erkennbar und festgelegt sein. Die Adressierung sollte in Form eines Adressierungs- und Kennzeichnungssystems in einem vom Auftraggeber vorgegebenem Rahmen projektspezifisch vorgenommen werden. Eine Benutzeradresse sollte, wenn vom Auftraggeber nicht vorgegeben, folgende Informationen beinhalten: Gebäudeteil, Standort, Gewerk, z. B. Raumlufttechnik, Heizung usw., Nr. der technische Anlage, Funktion, z. B. Ein/Aus, Störung usw., Informations-Nr. (siehe hierzu auch die Hinweise in VDI 3814 Blatt 1).

Aufbauend auf den ihm vom Auftraggeber übergebenen Ausführungsplänen erstellt der Auftragnehmer **Übersichtspläne** als Montagepläne, aus denen die endgültigen Abmessungen und **Standorte der Bedieneinrichtungen und Informationsschwerpunkte** mit den zugehörigen Automationsstationen zu entnehmen sind. Sonstige Erfordernisse für die Montage dieser Einrichtungen wie Zugänglichkeit für Bedienung und Wartung sowie zur Sicherung der Bedienelemente (zum Schutz gegen den Eingriff Unbefugter) sind zu berücksichtigen.

Nach den Vorgaben durch den Auftraggeber erstellt der Auftragnehmer fortführend eine **Funktionsbeschreibung** je Anlage für alle wesentlichen und übergreifenden Funktionen. In Verbindung mit den Automationsschemata und den Funktionslisten bildet diese Beschreibung die Basis für einen funktional abgestimmten Betrieb aller mit dem Gewerk Gebäudeautomation zu einem ganzheitlichen Konzept.

Aufbauend auf die übergebenen Ausführungspläne erstellt der Auftragnehmer Montagepläne, aus denen die **Einbauorte der Feldgeräte** zu entnehmen sind. Sinnvoll sind Symbole in Anlehnung an DIN EN ISO 10628 (siehe hierzu auch VDI 3814 Blatt 1) sowie eine mit dem Auftraggeber festgelegte Bezeichnung zu verwenden. Dabei wird empfohlen, entweder die Benutzeradresse des Anlagenkennzeichnungssystems oder Teile daraus für die Bezeichnung der Sensoren und Aktoren zu verwenden. Sonstige Erfordernisse für den Einbau der Geräte wie Zugänglichkeit für Bedienung und Wartung sind zu berücksichtigen.

Mit dem Stromlaufplan sind **Kabellisten** zu erstellen, die mit dem vorgelagerten elektrischen Netz des Schaltschrankes koordiniert sind. Die Kabellisten resultieren aus elektrischen Berechnungen, die u. a. den zulässigen Spannungsfall, alle Kurzschlussbedingungen und die Dimensionierung von Kabeln entsprechend den geltenden Normen und Richtlinien (z. B. VDE 0298 Teil 4, MLAR) enthalten. Der Stromlaufplan als Bezugspunkt zur Kabelliste verweist auf die Leistungsangaben. Ist kein Verweis auf Dokumente mit Leistungsangaben vorhanden, ist die Leistungsangabe in die Kabelliste je Betriebsmittel einzutragen. In der Kabelliste sind das verwendete Kabel und der Anschlusspunkt im Schaltschrank sowie das angeschlossene Betriebsmittel anzugeben.

Mit den Werkstattplänen sind **Stücklisten** über die zu montierenden Geräte und Bauteile zu erstellen.

3.1.5 Der Auftragnehmer hat dem Auftraggeber vor Beginn der Montagearbeiten alle Angaben zu machen, die für den ungehinderten Einbau und ordnungsgemäßen Betrieb der Anlage notwendig sind.

Der Abschnitt 3.1.5 der ATV DIN 18386 verweist auf Angaben, die im ersten Schritt durch die Ausführungsplanung koordiniert werden müssen. Aufgrund von Anpassungen durch fabrikatsspezifische Größe von Bauteilen und Geräten oder notwendigen Anpassungen der Funktion der Anlage wird der Auftragnehmer aufgrund des Abschnittes 3.1.5 ATV DIN 18386 explizit aufgefordert, vor Beginn der Montagearbeiten die Voraussetzungen für den ungehinderten Einbau und ordnungsgemäßen Betrieb bei der der Programmierung und der Inbetriebnahme dem Auftraggeber anzugeben. Der Auftraggeber kann dann ggf. notwendige Anpassungen mit allen beteiligten Gewerken vornehmen.

3.1.6 Der Auftragnehmer hat bei der Prüfung der vom Auftraggeber gelieferten Planungsunterlagen und Berechnungen (siehe § 3 Abs. 3 VOB/B) u. a. hinsichtlich der Beschaffenheit und Funktion der Anlage insbesondere zu achten auf:
- Vollständigkeit der Funktionslisten,
- Vollständigkeit der Auslegungsdaten und Parameter,
- Funktionsbeschreibungen,
- Messbereichsangaben von Mess- und Grenzwertgebern,
- Anlagenschemata,
- Adressierungskonzept,

- Visualisierungskonzept,
- Bedienungskonzept,
- Auslegung der hydraulischen Stellglieder,
- brandschutztechnische Anforderungen.

Mit § 3 Absatz 3 VOB/B und Abschnitt 3.1.6 der ATV DIN 18386 wird ein „Vier-Augen-Prinzip" durch Planung und Ausführung vorgegeben. Die Prüfungs- und Hinweispflicht ist eine aus dem Grundsatz von Treu und Glauben zu entnehmende allgemeine Rechtspflicht, die auch ohne Vereinbarung der VOB/B für das Werkvertragsrecht des BGB gilt. Die durch den Planer erstellten und durch den Auftraggeber an den Ausführenden übergebenen Ausführungsunterlagen sollen durch den Ausführenden für seine nach dem Vertrag geschuldete Leistung noch einmal vor Beginn der Montageplanung auf Unstimmigkeiten und vorhandene oder vermutete Mängel überprüft werden. Dazu gibt Abschnitt 3.1.6 ATV DIN 18386 einige Hinweise, was u. a. für das Gewerk Gebäudeautomation in besonderer Weise zu beachten ist. Abschnitt 3.1.3 ATV DIN 18386 enthält eine Aufzählung der für die Einrichtungen und Anlagen der Gebäudeautomation typischen Planungsunterlagen und Berechnungen, die im besonderen Maße zu überprüfen sind. Die Aufzählung ist jedoch nicht abschließend, es sind nur Beispiele der in § 3 Absatz 3 VOB/B enthaltenen allgemeinen Verpflichtung. Bedenken bei Unstimmigkeiten bzw. Mängeln sind dem Auftraggeber gemäß § 4 Absatz 3 VOB/B durch den Auftragnehmer schriftlich mitzuteilen.

3.1.7 Als Bedenken nach § 4 Abs. 3 VOB/B können insbesondere in Betracht kommen:
- Unstimmigkeiten in den vom Auftraggeber gelieferten Planungsunterlagen und Berechnungen (siehe Abschnitt 3.1.6),
- unzureichender Platz für die Bauteile,
- unzureichender Überspannungsschutz,
- Störeinflüsse durch elektromagnetische Felder,
- offensichtlich mangelhafte Ausführung, nicht rechtzeitige Fertigstellung oder Fehlen von notwendigen bauseitigen Vorleistungen.

Der Auftragnehmer hat nach § 4 Absatz 3 VOB/B Bedenken geltend zu machen gegen
- vorgesehene Art der Ausführung (auch wegen der Sicherung gegen Unfallgefahren),

– die Güte (Qualität) der Baustoffe und Bauteile, die der Auftraggeber bei-
stellt,

– die Leistungen anderer Unternehmer, die das eigene Werk beeinträchtigen
könnten.

Ergänzend enthält Abschnitt 3.1.7 ATV DIN 18386, ebenfalls nicht abschließend, typische Beispiele notwendiger Voraussetzungen der Baustelle, der Bau-
konstruktion und der Vorleistungen anderer Gewerke. Bedenken sind nach § 4
Absatz 3 VOB/B zwingend in Schriftform an den Auftraggeber zu richten. So ist
die richtige Handhabung der Prüfungs- und Hinweispflicht die Voraussetzung
für die Einschränkung der Haftung des Auftragnehmers bei Mängeln nach § 13
Absatz 3 VOB/B, denn danach haftet er auch für Fehler anderer Ursachen als
seiner eigenen Ausführung, wenn er nicht die Bedenken angezeigt hat.

3.1.8 Stemm-, Fräs- und Bohrarbeiten am Bauwerk dürfen nur im Einvernehmen mit dem Auftraggeber ausgeführt werden.

Der Auftraggeber bindet im Zuge seines Bauvorhabens Fachleute für Statik.
Das Gebäude wird je nach Anforderung der Bundesländer durch einen Prüfinge-
nieur für Standsicherheit abgenommen. So sind Schlitze und Aussparungen,
auch wenn sie statisch zulässig sind, „Sollbruchstellen", die das Mauerwerk
schwächen. Bei unsachgemäßem Schlitzen entstehen auch häufig Risse im
Putz. Um die Übersicht für statisch und baulich relevante Arbeiten zu behalten
und dem Auftraggeber diese Übersicht zu verschaffen, dürfen diese nur mit
seinem Einverständnis ausgeführt werden.

3.1.9 Anzeigegeräte müssen gut ablesbar, zu betätigende Geräte leicht zugänglich und bedienbar sein.

Bei der Montageplanung und Installation ist darauf zu achten, dass Anzeigegeräte gut ablesbar und zu betätigende Geräte leicht zugänglich und bedienbar angeordnet werden (z. B. Anzeigegeräte am Schaltschrank in Augenhöhe,
Ventile oder Klappen leicht zugänglich und bedienbar für Wartung oder Hand-
bedienung).

3.1.10 Geräte, die zu inspizieren und zu warten sind, müssen zugänglich sein.

Ergänzend zu Abschnitt 3.1.9 ATV DIN 18386 wird noch einmal konkretisiert, dass alle Geräte, die zu inspizieren und zu warten sind, zugänglich sein müssen. So muss in der Ausführungsplanung und fortführend in der Werk- und Montageplanung diese Anforderung berücksichtigt werden. Wird während der Erstellung der Werk- und Montageplanung auf Basis einer Ausführungsplanung festgestellt, dass die Geräte nicht zugänglich sind, sind dem Auftraggeber (wie in Abschnitt 3.1.7 erläutert) Bedenken anzumelden.

3.2 Anzeige, Erlaubnis, Genehmigung und Prüfung

Die für die behördlich vorgeschriebenen Anzeigen oder Anträge notwendigen zeichnerischen und sonstigen Unterlagen sowie Bescheinigungen sind vom Auftragnehmer entsprechend der für die Anzeige-, Erlaubnis- oder Genehmigungspflicht vorgeschriebenen Anzahl dem Auftraggeber rechtzeitig zur Verfügung zu stellen.

Dies gilt nicht, wenn die Prüfvorschriften für Anlagenteile eine dauerhafte Kennzeichnung statt einer Bescheinigung zulassen.

Nach dem im jeweiligen Bundesland geltenden Bauordnungsrecht sind für bestimmte Anlagen (z. B. Anlagen zur maschinellen Rauchabführung (MRA)) je nach Art ihrer Ausführung eine Anzeige, Erlaubnis oder Genehmigung vorgeschrieben. Für die Anzeige bzw. für die sonst erforderlichen Anträge für die Erlaubnis oder Genehmigung müssen bestimmte Unterlagen wie Zeichnungen, Berechnungen, Material- und Bauartbescheinigungen usw. vorgelegt werden. Anzahl und Art dieser Unterlagen müssen in der Leistungsbeschreibung gesondert genannt werden, wenn diese abweichend zu den Festlegungen zu Dokumentationsunterlagen gemäß Abschnitt 3.5 der ATV DIN 18386 gefordert werden (siehe hierzu auch Abschnitt 0.2.9 der ATV DIN 18386). Gemäß dem hier behandelten Abschnitt 3.2 der ATV DIN 18386 ist die Lieferung dieser Unterlagen eine Nebenleistung des Auftragnehmers, sie wird also nicht gesondert vergütet. Die Gebühren, die in diesem Zusammenhang für die Leistungen der Aufsichtsbehörden anfallen, trägt in der Regel der Auftraggeber. Aus der Leistungsbeschreibung muss klar hervorgehen, für welche Bauteile eine Prüfung und Zulassung gefordert werden. Gemäß der im jeweiligen Bundesland geltenden Prüfverordnung werden die in der Prüfverordnung geforderten Anlagenteile von einem Prüfsachverständigen abgenommen. Für Anlagenteile kann auch eine dauerhafte Kennzeichnung ausreichend sein (siehe z. B. die Prüfnummern bei Sicherheitstemperaturbegrenzern, die dem Prüfsachverständigen als Grundlage zu einer Abnahme nach Prüfung dienen).

3.3 Inbetriebnahme und Einregulierung

3.3.1 Die Anlagenteile sind so einzustellen, dass die geforderten Funktionen und Leistungen erbracht und die gesetzlichen Bestimmungen erfüllt werden.

Dazu sind alle physikalischen Ein- und Ausgänge einzeln zu überprüfen, die vorgegebenen Parameter einzustellen und die geforderten Ein- und Ausgabe- sowie Verarbeitungsfunktionen sicherzustellen.

Einstellen von Anlagenteilen heißt, dass die in der Leistungsbeschreibung aufgeführten Sollwerte und Betriebszeiten parametriert bzw. programmiert werden. Damit werden die anlagenspezifischen Werte Funktionseinheiten oder Programmbausteinen eines GA-Systems zugewiesen, um die geforderten Regel- und Steuerungsfunktionen zu erreichen.

Im Rahmen der Inbetriebnahme und Einregulierung führt der Auftragnehmer eine Funktionsprüfung durch, in der er insbesondere:

- eine Überprüfung der elektrischen Anschlüsse auf gerätespezifische Anforderungen, wie z. B. angeschlossene elektrische Leistung, Nennströme, Abschirmung, notwendige Erdungen vornimmt,

- die Drehrichtung von Motoren oder die Stellrichtung bei Klappen und Ventilen überprüft,

- die Einstellung aller Sollwerte und Grundparameter wie z. B. Einstellungen von Reglern (wie z. B. P-, PI-, PD- oder PID-Regler), von Grenzwerten, von Sollwerten oder von Sicherheitsbegrenzern überprüft,

- die Einstellung aller Schaltschrankkomponenten wie z. B. Überstromauslöser, Zeitrelais überprüft.

Alle Funktionsprüfungen (auch die 1 : 1-Datenpunkttests gemäß diesem Abschnitt ATV DIN 18386) sind in den technischen Dokumentationen oder in speziellen Protokollen festzuhalten, so dass sie im Rahmen der Abnahmeprüfung jederzeit reproduziert oder überprüft werden können (siehe hier auch Abschnitte 3.3.2 und 3.5 der ATV DIN 18386). So müssen zur Einregulierung der Anlage unter anderem die benötigten Medien wie Heiß- oder Kaltwasser bzw. notwendige Luftvolumenströme vorhanden sein. Bei fehlender ordnungsgemäßer Einregulierung der Anlagen der Technischen Gebäudeausrüstung ist eine abschließende Einregulierung der Anlagen der Gebäudeautomation nicht möglich. Aus diesem Grund sind bei einer Einregulierung während der Sommerzeit die Regelparameter so einzustellen, dass sich dann während der Übergangszeit erfahrungsgemäß ein stabiler Betrieb einstellt, der dann nur noch optimiert werden muss.

3.3.2 Die Inbetriebnahme und die Einregulierung der Anlage und Anlagenteile sind, soweit erforderlich, gemeinsam mit Verantwortlichen der beteiligten Leistungsbereiche durchzuführen. Inbetriebnahme und Einregulierung sind durch Protokolle mit Mess- und Einstellwerten zu belegen.

Die Qualität der Einrichtungen und Anlagen der Gebäudeautomation ist in einem hohen Maße von der Inbetriebnahme und Einregulierung der gesamten technischen Anlage abhängig. Dabei ist es für den Auftragnehmer besonders wichtig, auf die Mitwirkung aller beteiligten Leistungsbereiche zugreifen zu können. Hierunter fallen z. B.

– das Einregulieren drehzahlgeregelter Ventilatoren und Pumpen,

– die Steuerung komplexer Klappensysteme für Funktionen von Rauch- und Wärmeabzugsanlagen,

– die Einregulierung von Sicherheitseinrichtungen,

– das gesteuerte Umschalten auf redundante Anlagen oder Anlagenteile im Störfall,

– die Erstinbetriebnahme von Ventilatoren.

Alle vertragsrelevanten Sollwerte und Steuerungsfunktionen sind durch Mess- und Einstellprotokolle zu belegen. Die Protokolle können mit der vorhandenen Anlage der Gebäudeautomation erstellt werden. Bei physikalischen Messwerten wie Temperatur, Feuchte oder Druck sind Referenzmessungen mit geeichten Messinstrumenten vorzunehmen. Die 1 : 1-Datenpunkttests sind mit Protokollen zu belegen.

3.3.3 Das Bedienungspersonal für das System ist durch den Auftragnehmer einmal einzuweisen. Die Einweisung ist zu dokumentieren.

Um einen sicheren und einwandfreien Betrieb zu gewährleisten, reicht es nicht aus, wenn der Auftragnehmer die gemäß Abschnitt 3.5 der ATV DIN 18386 vorgeschriebenen Unterlagen abliefert, sondern es bedarf insbesondere bei der Gebäudeautomation einer eingehenden Einweisung des Bedienungs- und Wartungspersonals. Diese Einweisung beinhaltet auch eine ausführliche Erläuterung der Grundfunktionen und des Zusammenspiels der Anlagen der Technischen Gebäudeausrüstung. Aus diesem Grund muss die Einweisung mit einer Erläuterung des Aufbaues der Anlage beginnen, damit das Bedienungspersonal nachvollziehen kann, wie die Anlage der Technischen Gebäudeausrüstung grundsätzlich funktioniert und wo sich die einzelnen Anlagenteile befinden. Dazu ist es erforderlich, dass auch Unterlagen nach Abschnitt 3.5 der ATV DIN 18386, soweit bereits vorhanden und notwendig, herangezogen werden. Im Übrigen genügt es nicht, die Einweisung nur auf eine richtige Bedienung und einen sicheren Betrieb abzustellen, sondern es müssen auch Hinweise auf einen wirtschaftlichen Betrieb gegeben werden.

Der für diese Einweisung erforderliche Aufwand hängt von der Größe und Kompliziertheit der jeweiligen Anlagen ab. Bei großen und komplizierten Anlagen wird empfohlen, dass mit der Einweisung bereits während des Einbaues begonnen wird, da schon der Umfang der Anlagen der Technischen Gebäudeausrüstung und der Systeme der GA einschließlich ihrer Funktionalität so groß sein kann, dass das Bedienungs- und Wartungspersonal nach Fertigstellung gar nicht mehr in der Lage wäre, sich in einer angemessenen Zeit mit der Anlage vertraut zu machen. Sofern eine Einweisung schon vor Fertigstellung der Anlage erforderlich ist, sollte der Auftraggeber schon in der Leistungsbeschreibung darauf hinweisen, so dass der Auftragnehmer rechtzeitig das erforderliche Personal zur Verfügung stellen kann. Die vollzogene Einweisung sollte von allen Teilnehmern schriftlich bestätigt werden. Aus den letzten Hinweisen ergeben sich auch Pflichten für den Auftraggeber, wenn dieser einen sicheren und wirtschaftlichen Betrieb der Anlagen von Anfang an sicherstellen will: Er muss für die jeweilige Anlage ausreichend qualifiziertes Personal bereitstellen.

3.4 Abnahmeprüfung

Die Abnahme setzt die vertragsgerechte, funktionsfähige Erstellung des Werks ohne wesentliche Mängel voraus. Eine vorangehende Abnahmeprüfung ist bei technischen Anlagen die Voraussetzung und Grundlage für eine rechtliche Abnahme mit den sich daraus ergebenden Rechtswirkungen. Die einzelnen Abnahmeprüfungen sind nach Art, Umfang, Durchführung und Protokollierung eingehend in der Leistungsbeschreibung zu beschreiben. Mit der Abnahme

– wird die Leistung als vertragsmäßig ausgeführt gebilligt,
– beginnt die Verjährungsfrist für Gewährleistungsansprüche,

– geht die Gefahr für die Bauleistung auf den Auftraggeber über,

– entsteht Schlussrechnungsreife für die Abrechnung durch den Auftragnehmer.

Wegen dieser weitreichenden Wirkungen bedarf die Abnahme besonderer Sorgfalt. Die Abnahmeprüfung soll generell die vertragsgemäße Funktion der Anlagen der Gebäudeautomation nachweisen. Sie soll zeigen, dass die Anlagen und Bauelemente der Technischen Gebäudeautomation mit den Gebäudefunktionen funktionsgerecht und wirksam sind. Es wird darauf hingewiesen, dass eine Schlussabnahme erst nach der endgültigen Einstellung der Anlage – siehe dazu Abschnitt 3.3 der ATV DIN 18386 – vorgenommen werden kann.

> **3.4.1**   Es ist eine Abnahmeprüfung, die aus Vollständigkeits- und Funktionsprüfung besteht, durchzuführen.

Eine Abnahmeprüfung besteht generell aus Vollständigkeits- und Funktionsprüfung. Die Vollständigkeitsprüfung umfasst die Prüfung auf Vollständigkeit sämtlicher Geräte und Anlagenteile der Anlage der Gebäudeautomation und damit die vorhandene Anzahl von z. B. Sensoren, Aktoren, Kabeln und Leitungen, Automationsstationen, Management- und Bedieneinrichtungen etc.

Anzahl und Umfang sind in den mitzuliefernden Unterlagen gemäß 3.5 ATV DIN 18386 dokumentiert. Die Vollständigkeitsprüfung ist nicht mit einer Funktionsprüfung gleichzusetzen.

> **3.4.2**   Die Funktionsprüfung umfasst insbesondere:
> – Prüfung der Protokolle der Inbetriebnahme und Einregulierung,
> – stichprobenartige Prüfung von Automationsfunktionen, z. B. Regel-, Sicherheits-, Optimierungs- und Kommunikationsfunktionen,
> – stichprobenartige Einzelprüfungen von Meldungen, Schaltbefehlen, Messwerten, Stellbefehlen, Zählwerten, abgeleiteten und berechneten Werten,
> – Prüfung der Systemreaktionszeiten,
> – Prüfung der Systemeigenüberwachung,
> – Prüfung des Systemverhaltens nach Netzausfall und Netzwiederkehr.

Die Funktionen der Gebäudeautomation, die die Nutzungsfunktionen und in einigen Fällen die bauordnungsrechtlichen Sicherheitsfunktionen abbilden, werden durch Ein- und Ausgabefunktionen (Hardware der Automationseinrichtungen, Hardware der Datenschnittstelleneinrichtungen (DSE)) und den Verarbeitungsfunktionen (Programmierung oder Parametrierung der Software der Automationseinrichtungen) realisiert.

Nach einer Prüfung der durch den Auftragnehmer vorgelegten Protokolle der Inbetriebnahme und Einregulierung erfolgt eine stichprobenartige Prüfung der Automationsfunktionen und der Meldungen, Schaltbefehle, Messwerte etc. auf Grundlage der 1 : 1-Datenpunkttestprotokolle und der der Leistungsbeschreibung zu Grunde liegenden Funktionsbeschreibungen und Vorgaben.

Nach erfolgreicher Prüfung der einzelnen Bestandteile der Gebäudeautomation wird das übergeordnete Zusammenwirken aller Bestandteile geprüft. Dazu zählen Reaktionszeiten, die Eigenüberwachung von Systemen der GA und Verhalten von Systemen nach Netzausfall. Angaben zu Reaktionszeiten, der Eigenüberwachung von Systemen der GA und dem Verhalten von Systemen nach Netzausfall sind in der Leistungsbeschreibung vorzugeben.

3.5 Mitzuliefernde Unterlagen

Der Auftragnehmer hat im Rahmen seines Leistungsumfanges folgende Unterlagen aufzustellen und dem Auftraggeber spätestens bei der Abnahme in geordneter und aktualisierter Form zu übergeben:

- Automationsschemata,
- Stromlaufpläne nach DIN EN 61082-1 (VDE 0040-1),
- Automationsstations-Belegungspläne einschließlich Adressierung,
- Verbindungsschaltplan nach DIN EN 61082-1 (VDE 0040-1),
- Übersichtsplan mit Eintragung der Standorte der Bedieneinrichtungen und Informationsschwerpunkte,
- Stücklisten,
- Funktionsbeschreibungen,
- Protokolle der Inbetriebnahme und Einregulierung,
- alle für einen sicheren und wirtschaftlichen Betrieb erforderlichen Bedienungsanleitung und Wartungshinweise,
- Ersatzteillisten,
- projektspezifische Programme und Daten auf Datenträgern,
- Protokoll über die Einweisung des Bedienpersonals,
- vorgeschriebene Werk- und Prüfbescheinigungen,

- Sollwerte, Grenzwerte und Betriebszeiten,
- Anlagenschemata,
- Funktionslisten,
- Kabellisten mit Funktionszuordnung und Leistungsangaben.

Die Unterlagen sind in einfarbiger Darstellung und in dreifacher Ausfertigung, Zeichnungen und Listen nach Wahl des Auftraggebers auch in einfacher Ausfertigung kopierfähig oder auf Datenträgern auszuhändigen. Die projektspezifischen Programme und Daten sind in zweifacher Ausfertigung auf Datenträgern zu liefern.

Der Betreiber benötigt alle Unterlagen für die Systeme der Gebäudeautomation, um einen sicheren und wirtschaftlichen Betrieb zu ermöglichen. Die nach Abschnitt 3.5 der ATV DIN 18386 erforderlichen Unterlagen sind ein Mindestmaß an zu übergebenden Unterlagen. Wünscht der Auftraggeber noch zusätzliche Unterlagen zu den in Abschnitt 3.5 ATV DIN 18386 genannten, sind diese in der Leistungsbeschreibung zu nennen.

Die in Abschnitt 3.5 der ATV DIN 18386 genannten Unterlagen sind vom Auftragnehmer zu erstellen und dem Auftraggeber spätestens bei der Abnahme in geordneter Form mit einem genauen Verzeichnis zu übergeben.

Um dem Betriebspersonal die Funktion der Anlagen der Technischen Gebäudeausrüstung (TGA) darzustellen, sind **Automationsschemata** für jede Anlage der TGA zu übergeben.

Die **Stromlaufpläne** der Schaltschränke und **Verbindungsschaltpläne** nach DIN EN 61082-1 der Gebäudeautomation sind für das Betriebspersonal eine wichtige Grundlage, um die Anlagen sicher zu betreiben und sind durch den Auftragnehmer an den Auftraggeber zu übergeben. Dazu gehören auch **Stücklisten, Kabellisten** und **Ersatzteillisten**.

Um die physikalischen und die gemeinsamen Ein- und Ausgänge der jeweiligen Automationseinrichtung bzw. Datenschnittstelleneinrichtung eindeutig zuzuordnen, ist dem Auftraggeber (und damit dem Betriebspersonal) die Belegung in Form von **Belegungsplänen** der jeweiligen Hardware zu übergeben.

Damit das Betriebspersonal eine Übersicht über das System der Gebäudeautomation hat, ist dem Auftraggeber ein **Übersichtsplan** mit allen Standorten der Informationsschwerpunkte und Bedieneinrichtungen zu übergeben.

Auf Basis der durch den Auftraggeber übergebenen Unterlagen und der Erkenntnisse aus dem Bauprozess sind die **Funktionsbeschreibungen** aller realisierten Funktionen der GA vom Auftragnehmer an den Auftraggeber zu übergeben. Die **Protokolle der Inbetriebnahme und Einregulierung** dienen als Nachweis dieser Funktion.

Für die durch den Auftragnehmer zu übergebenden und erforderlichen **Betriebs- und Wartungsanweisungen** sind die Sicherheit von Menschen und Materialien vor Schäden, die Versorgungssicherheit und die Wirtschaftlichkeit des Betriebes zu berücksichtigen. An erster Stelle müssen diese Anweisungen Angaben darüber enthalten, was getan werden muss und was nicht getan werden darf, damit Menschen, insbesondere das Betriebspersonal, wie auch die Anlagen und Gebäude vor Schaden bewahrt werden. Die für eine Vermeidung von Störungen und Unterbrechung erforderlichen Angaben sind in die Bedienungs- und Wartungsanweisungen aufzunehmen.

Um das Betriebspersonal in die Lage zu versetzen, die Anlagen bei einem Ausfall der Automationseinrichtung wieder in Betrieb zu setzen, sind alle **projektspezifischen Programme und Daten auf Datenträger** zu übergeben.

Das **Protokoll über die Einweisung des Betriebspersonals** ist sowohl für den Auftragnehmer als auch für den Auftraggeber wichtig: Es dient beiden als Nachweis dafür, dass der Auftragnehmer seiner diesbezüglichen, sich aus Abschnitt 3.3.3 ATV DIN 18386 ergebenden Verpflichtung nachgekommen ist. Der Auftraggeber kann darüber hinaus aus diesem Protokoll noch ersehen, welche Person bzw. Personen eingewiesen worden sind. Das kann insbesondere in den Fällen wichtig werden, in denen Veränderungen beim Betriebspersonal eintreten und/oder in denen der Auftraggeber die Anlagen nicht selbst betreibt, sondern einer anderen Institution zum Betrieb übergibt.

Vorgeschriebene Werks- und Prüfbescheinigungen sind die Unterlagen, die für Stoffe und Bauteile erforderlich sind, die nach den behördlichen Vorschriften einer Zulassung bedürfen (siehe hierzu Abschnitte 2.3.3 und 2.3.4 ATV DIN 18299) oder für die der Auftraggeber eine besondere Prüfung vorgeschrieben hat. Des Weiteren gehören dazu alle in Verbindung mit einer Anzeige, Erlaubnis, Genehmigung oder Prüfung anfallenden Unterlagen.

Das Betriebspersonal erhält mit den Funktionsbeschreibungen Angaben über **Sollwerte, Grenzwerte und Betriebszeiten**.

Die im Zuge der Projektbearbeitung überarbeiteten **Anlagenschemata** und **Funktionslisten** der Gebäudeautomation werden vom Auftragnehmer an den Auftraggeber gemäß Abschnitt 3.6 der ATV DIN 18386 übergeben.

Die in Abschnitt 3.5 ATV DIN 18386 enthaltenen Angaben über Ausführung und Anzahl der mitzuliefernden Unterlagen berücksichtigen den üblichen Mindestbedarf des Auftraggeber. Wünscht dieser die Unterlagen jedoch in anderer Stückzahl oder Zeichnungen, z. B. farbig angelegt, muss dieser das in der Leistungsbeschreibung angeben.

4 Nebenleistungen, Besondere Leistungen

4.1.a   ATV DIN 18299

4 Nebenleistungen, Besondere Leistungen

Für die Vergütung einer Leistung ist die Einstufung als Nebenleistung oder als Besondere Leistung notwendig, da nach § 2 Absatz 1 VOB/B durch die vereinbarten Preise der Hauptleistungen alle Leistungen mit abgegolten sind, die nach den Vertragsbedingungen, den Technischen Vertragsbedingungen oder der gewerblichen Verkehrssitte zur Vertraglich vereinbarten Gesamtleistung gehören.

Selbstverständliche Hilfsleistungen müssen demnach nicht besonders aufgeführt werden und werden daraus folgend üblicherweise auch nicht gesondert vergütet. Eine Ausnahme dazu kann gemäß Abschnitt 0.4.1 ATV DIN 18299 vorhanden und eine Preisabfrage in einer Leistungsbeschreibung erforderlich sein, wenn z. B. die Kosten der Nebenleistung von erheblicher Bedeutung für die Preisbildung sind. Dann sind besondere Ordnungszahlen (Positionen) vorzusehen (z. B. besonderer Aufwand für das Einrichten und Räumen einer Baustelle).

Die Abschnitte 4.1 der ATV DIN 18299 ff. enthalten keine technischen Regelungen im engeren Sinne, sondern erläutern nur den vom Auftragnehmer für die vereinbarte Vergütung zu erbringenden Leistungsumfang (sog. Bausoll) und treffen damit vertragsrechtliche Regelungen. Wie oben erwähnt, ist mit der Einbeziehung der VOB/B auch automatisch die VOB/C, also die ATV, in den Vertrag einbezogen und gilt somit in allen VOB-Verträgen. Die Nebenleistungen sind demnach stets geschuldet, auch wenn sie nirgendwo besonders erwähnt werden.

Besondere Leistungen sind in der Leistungsbeschreibung aufzuführen, bzw. vor der Ausführung zu vereinbaren und gesondert abzurechnen.

4.1 Nebenleistungen

Nebenleistungen sind Leistungen, die auch ohne Erwähnung im Vertrag zur vertraglichen Leistung gehören (§ 2 Absatz 1 VOB/B).

Nebenleistungen sind demnach insbesondere:

Gemäß Abschnitt 4.1 der ATV DIN 18299 sind Nebenleistungen Leistungen, die für die vertragliche Leistung des Auftragnehmers eindeutig erforderlich sind. In den ATV sind die Nebenleistungen nicht abschließend aufgezählt, weil der Umfang der gewerblichen Verkehrssitte nicht für alle Ereignisse und einzelnen Anwendungsfälle umfassend bestimmt werden kann (Verwendung des Hinweises „insbesondere" im Abschnitt 4.1 der ATV DIN 18299). Mit dem Hinweis „insbesondere" wird auch klargestellt, dass es sich bei den Aufzählungen der Nebenleistungen im Abschnitt 4.1 der ATV DIN 18299 ff. nur um die wesentlichen Nebenleistungen handelt und Ergänzungen ggf. in Betracht kommen, wenn es sich im Einzelfall aus der gewerblichen Verkehrssitte ergibt. Da oft unterschiedlich bewertet wird, welche Leistung tatsächlich eine Nebenleistung ist, werden in jeder ATV der einzelnen Leistungsbereiche die wichtigsten Nebenleistungen gezielt aufgeführt. Für den Bereich Gebäudeautomation gibt diese Nebenleistungen der Abschnitt 4.1 der ATV DIN 18386 an.

Nebenleistungen im Sinne des Abschnittes 4.1 der ATV DIN 18299 sind auch Leistungen, die sehr umfangreich und kostenintensiv sein können. So gilt z. B. auch das Einrichten und Räumen der Baustelle nach Abschnitt 4.1.1 ATV DIN 18299 und die Vorhaltung der Baustelleneinrichtung nach Abschnitt 4.1.2 ATV DIN 18299 noch als Nebenleistungen, weil für die Ausführung der vertraglich vereinbarten Leistungen immer Geräte und Einrichtungen vorhanden sein und vorgehalten werden müssen.

Sollten Kosten von Nebenleistungen jedoch sehr hoch sein, empfiehlt es sich im Sinne einer ordnungsgemäßen Preisermittlung und Preisprüfung, für diese Leistungen eine selbstständige Vergütung unter einer besonderen Ordnungszahl (Position) zu vereinbaren (siehe hierzu auch die Bemerkungen dieses Kommentars zu Abschnitt 0.4.1 ATV DIN 18299 dieses Kommentars).

Sollten Arbeiten notwendig sein, die nicht in den aufgelisteten Nebenleistungen enthalten sind und nach Prüfung auch nicht zu Leistungen der allgemeinen Verkehrssitte gehören, können diese Leistungen ggf. gemäß § 2 Absatz 6 VOB/B einen Anspruch auf Vergütung haben. Auch wenn eine in der ATV im Abschnitt 4.1 gelistete Nebenleistung in der Leistungsbeschreibung in einer Position beschrieben und vom Bieter bepreist wurde, hat der Auftraggeber diese Nebenleistung auch zweifelsfrei zu vergüten. Der Auftragnehmer hat dann diese Aufwendungen nicht mehr in die Einzelpreise einzukalkulieren und in der Position der Leistungsbeschreibung anzubieten.

4.1.1 Einrichten und Räumen der Baustelle einschließlich der Geräte und dergleichen.

Für das Einrichten und Räumen der Baustelle sowie den Aufbau von Maschinen und Geräten werden üblicherweise in der Leistungsbeschreibung keine besonderen Positionen vorgesehen, da diese Kosten in der Regel in den Leistungspositionen der zu vergütenden Leistung durch den Auftragnehmer einkalkuliert werden und damit bei Vergütung dieser Leistungspositionen abgegolten sind.

Gemäß Abschnitt 0.4.1 der ATV DIN 18299 müssen durch den Ausschreibenden für die Nebenleistung besondere Ordnungszahlen (Positionen) vorgesehen werden, wenn die Kosten für das Einrichten und Beräumen der Baustelle erheblich sind.

Das Räumen der Baustelle ist dem Auftraggeber durch den Auftragnehmer rechtzeitig anzuzeigen, so dass der Bauherr die Möglichkeit hat, mit der Räumung in Verbindung stehende Maßnahmen durchzuführen.

4.1.2 Vorhalten der Baustelleneinrichtung einschließlich der Geräte und dergleichen.

Die im Abschnitt 4.1.1 der ATV 18299 beschriebenen Inhalte gelten auch für den Abschnitt 4.1.2 der ATV DIN 18299, wobei das Vorhalten der Baustelleinrichtung als Nebenleistung nur für die Ausführungsdauer der eigenen Leistung gilt.

4.1.3 Messungen für das Ausführen und Abrechnen der Arbeiten einschließlich des Vorhaltens der Messgeräte, Lehren, Absteckzeichen und dergleichen, des Erhaltens der Lehren und Absteckzeichen während der Bauausführung und des Stellens der Arbeitskräfte, jedoch nicht Leistungen nach § 3 Absatz 2 VOB/B.

Alle Messungen, die der Auftragnehmer für die Vorbereitung, die Ausführung und die Abrechnung seiner vertraglich vereinbarten Arbeiten benötigt, sind ohne Vergütung als Nebenleistung auszuführen, wobei Arbeiten gemäß § 3

Absatz 2 VOB/B – als Pflicht des Auftraggebers –, wenn durch den Auftragnehmer ausgeführt, zu vergüten sind. Aus § 3 Absatz 2 VOB/B folgend hat der Auftraggeber die Hauptachsen des Gebäudes und die Grenzen des Geländes abzustecken und die Angabe und das Anbringen der Höhenfestpunkte in unmittelbarer Nähe der baulichen Anlage vorzunehmen.

4.1.4 Schutz- und Sicherheitsmaßnahmen nach den staatlichen und berufsgenossenschaftlichen Regelwerken zum Arbeitsschutz, ausgenommen Leistungen nach den Abschnitten 4.2.4 und 4.2.5.

Allein gegenüber seinen Mitarbeitern ist der Auftragnehmer gemäß § 4 Absatz 2 Satz 2 VOB/B für die Erfüllung der gesetzlichen, behördlichen und berufsgenossenschaftlichen Verpflichtungen verantwortlich. Die vorgenannten Verpflichtungen gelten als Nebenleistung der ATV DIN 18299 und sind im Rahmen der Kalkulation durch den Anbieter/Ausführenden in den Einheitspreisen der Leistungen in der Leistungsbeschreibung zu kalkulieren.

Sollten darüber hinaus Anforderungen durch den Bauherrn bestehen (z. B. auch für Dritte gemäß Abschnitt 4.2.4 ATV DIN 18299), sind diese Besonderen Leistungen in der Leistungsbeschreibung gesondert auszuschreiben.

Sollten besondere Schutz- und Sicherheitsmaßnahmen zu beachten sein, wird an dieser Stelle auf Abschnitt 4.2.5 verwiesen.

4.1.5 Beleuchten, Beheizen und Reinigen der Aufenthalts- und Sanitärräume für die Beschäftigten des Auftragnehmers.

Gemäß § 4 Absatz 4 VOB/B hat der Auftraggeber dem Auftragnehmer die notwendigen Lager- und Arbeitsplätze, vorhandene Zufahrtswege und Anschlussgleise sowie vorhandene Anschlüsse für Wasser und Energie unentgeltlich zu überlassen, die Kosten für den Verbrauch, die Messeinrichtungen trägt der Auftragnehmer (ggf. auch anteilig mit mehreren Auftragnehmern). Ergänzend zu § 4 Absatz 4 VOB/B beschreibt Abschnitt 4.1.5 ATV DIN 18299, dass die Verbrauchskosten und Reinigungskosten der zur Verfügung gestellten Aufenthalts- und Sanitärräume eine Nebenleistung und daraus folgend in die Einheitspreise einzukalkulieren sind.

Vom Auftraggeber werden in der heutigen Zeit immer häufiger die Energiekosten direkt übernommen, so dass Kosten für Zwischenzähler und die Berücksichtigung der Kosten in den Einzelpreisen durch den Auftragnehmer entfallen.

In solchen Fällen muss in der Leistungsbeschreibung ein Hinweis vorhanden sein, dass die Anforderung und Berücksichtigung der Kosten gemäß Abschnitt 4.1.5 ATV DIN 18299 durch den Auftragnehmer als Nebenleistung nicht erfolgen soll.

Sollten Dritte die Inhalte des Abschnittes 4.1.5 ATV DIN 18299 übernehmen und bereitstellen, ist eine frühzeitige Aufteilung der Aufwendungen vertraglich zu regeln, bzw. eindeutig in der Leistungsbeschreibung durch den Auftraggeber und Ausschreibenden zu beschreiben.

4.1.6 Heranbringen von Wasser und Energie von den vom Auftraggeber auf der Baustelle zur Verfügung gestellten Anschlussstellen zu den Verwendungsstellen.

Der Auftraggeber muss auf der Baustelle Entnahmemöglichkeiten für Wasser und Energie bereitstellen, wenn vertraglich nichts anderes vereinbart ist. Wie aus dem Kommentar zu den Abschnitten 4.1.5 und 4.1.6 der ATV DIN 18299 erkennbar, muss der Auftraggeber aber keinesfalls Messeinrichtungen bereitstellen (siehe hierzu auch § 4 Absatz 4 Nummer 3 VOB/B).

4.1.7 Liefern der Betriebsstoffe.

Betriebsstoffe für einzusetzende Maschinen und Geräte hat der Auftragnehmer als Nebenleistung in seine Einheitspreise mit einzukalkulieren.

4.1.8 Vorhalten der Kleingeräte und Werkzeuge.

Für die Dauer der auszuführenden Leistung sind für die vertraglich auszuführenden Arbeiten alle notwendigen Kleingeräte und Werkzeuge (im Bereich der Gebäudeautomation z. B. Bohrmaschinen, Verlängerungskabel- und -trommeln) bereitzustellen und vorzuhalten. Die Aufwendungen werden als Nebenleistung in den Einzelpreisen mit einkalkuliert.

4.1.9 Befördern aller Stoffe und Bauteile, auch wenn sie vom Auftraggeber beigestellt sind, von den Lagerstellen auf der Baustelle oder von den in der Leistungsbeschreibung angegebenen Übergabestellen zu den Verwendungsstellen und etwaiges Rückbefördern.

Alle für die vertraglich auszuführenden Arbeiten notwendigen Stoffe und Bauteile müssen, auch wenn sie vom Auftraggeber bereitgestellt werden, durch den Auftragnehmer als Nebenleistung zur Verwendungsstelle transportiert und bei Erfordernis ggf. auch zurückbefördert werden. Es ist in der Leistungsbeschreibung anzugeben, was der Auftragnehmer von wo nach wo und unter welchen Umständen auf der Baustelle befördern muss, damit er die notwendigen Aufwendungen in seine Einzelpreise einkalkulieren kann.

4.1.10   Sichern der Arbeiten gegen Niederschlagswasser, mit dem normalerweise gerechnet werden muss, und seine etwa erforderliche Beseitigung.

Die in Abschnitt 4.1.10 ATV DIN 18299 beschriebene Nebenleistung verpflichtet den Auftragnehmer, seine Leistungen und Arbeiten gegen eventuell anfallendes Niederschlagswasser zu sichern. Im Bereich der Gebäudeautomation kann das z. B. das Sichern von Schaltschränken gegen Niederschlagswasser durch nicht vollständig geschlossene Technikzentralen sein. Die Verpflichtung ergibt sich im Weiteren aus § 4 Absatz 5 VOB/B, woraus sich ergibt, dass der Auftragnehmer die von ihm ausgeführten Leistungen und die ihm für die Ausführung übergebenen Gegenstände bis zur Abnahme zu schützen hat. Der Schutz der Leistung, der im Abschnitt 4.1.10 ATV DIN 18299 mit „Sichern" beschrieben ist, bezeichnet kein dauerhaftes Schützen gegen Niederschlagswasser, sondern ein Sicherstellen, dass bei normalen Niederschlägen während der Baumaßnahme die erbrachte Leistung keinen Schaden nimmt.

4.1.11   Entsorgen von Abfall aus dem Bereich des Auftragnehmers sowie Beseitigen der Verunreinigungen, die von den Arbeiten des Auftragnehmers herrühren.

Entstehen während den Leistungen des Auftragnehmers Abfälle (z. B. im Bereich der Gebäudeautomation Verpackungen, Kabelreste und -isolierungen), sind diese vom Auftragnehmer von der Baustelle zu beseitigen und zu entsorgen. Die dafür entstehenden Kosten sind als Nebenleistung in die Einzelpreise einzukalkulieren.

Sollten durch die vom Auftraggeber übergebenen Stoffe und Bauteile Abfälle entstehen, sei an dieser Stelle auf die Abschnitte 4.1.12 und 4.2.13 der ATV DIN 18299 verwiesen.

4.1.12 Entsorgen von Abfall aus dem Bereich des Auftraggebers bis zu einer Menge von 1 m³, soweit der Abfall nicht schadstoffbelastet ist.

Abschnitt 4.1.2 der ATV DIN 18299 regelt die Entsorgung von Abfall (der nicht schadstoffbelastet ist – also unbelasteter Bauschutt) aus dem Bereich des Auftraggebers bis zu einer Menge von 1 m³. Hierbei sei darauf verwiesen, dass z. B. auszuhebender Boden Eigentum des Bauherrn ist. Größere Mengen, als in Abschnitt 4.1.2 ATV DIN 18299 beschrieben, gelten als Besondere Leistung gemäß Abschnitt 4.2.13 der ATV DIN 18299. In der Leistungsbeschreibung ist daher anzugeben, welcher Abfall vom Auftragnehmer wie zu entsorgen ist, damit der Auftragnehmer vom Auftraggeber in die Lage versetzt wird, die Entsorgung bis zu 1 m³ zu kalkulieren und in die Einheitspreise mit einzukalkulieren.

4.2 Besondere Leistungen

Besondere Leistungen sind Leistungen, die nicht Nebenleistungen nach Abschnitt 4.1 sind und nur dann zur vertraglichen Leistung gehören, wenn sie in der Leistungsbeschreibung besonders erwähnt sind. Besondere Leistungen sind z. B.:

Besondere Leistungen sind Leistungen, die nicht Nebenleistungen gemäß Abschnitt 4.1 der ATV DIN 18299 ff. sind. Besondere Leistungen gehören nur dann zum vom Auftragnehmer geschuldeten Leistungsumfang, wenn diese in der Leistungsbeschreibung als eigenständige Ordnungszahl (Position) aufgeführt und beschrieben sind. Sollten Besondere Leistungen nachträglich bei einer Ausführungsleistung erforderlich werden, sind diese im Sinne des § 1 Absatz 4 Satz 1 VOB/B auszuführen und werden gemäß § 2 Absatz 6 VOB/B gesondert vergütet.

Unter Abschnitt 4.2 werden in der ATV DIN 18299 und allen ihr folgenden ATVs nur einige der auszuführenden Besonderen Leistungen aufgeführt, die, wenn im jeweiligen Bauvorhaben notwendig, in der Leistungsbeschreibung zu berücksichtigen sind.

4.2.1 Leistungen nach den Abschnitten 3.1 und 3.3.

An dieser Stelle verweist der Abschnitt 4.2.1 der ATV DIN 18299 auf ihre Abschnitte 3.1 „Erkundungsmaßnahmen für die Lage von Verkehrs-, Versorgungs-

und Entsorgungsanlagen, die zur Ausführung der Leistung erforderlich werden" und 3.3 zu „Sicherungsmaßnahmen, die beim Antreffen von Schadstoffen unverzüglich zu ergreifen sind". Die Erläuterung in Bezug auf die vorgenannten Abschnitte 3.1 und 3.3 der ATV DIN 18299 sind in der Kommentierung zu diesen Abschnitten in diesem Kommentar zu finden.

Alle unter 4.2.1 der ATV DIN 18299 genannten Leistungen sind vom Auftraggeber, wenn bekannt, gesondert auszuschreiben und zu vergüten oder bei Auftreten einer Situation während der Ausführungsleistung gesondert zu vereinbaren und zu vergüten.

4.2.2 Beaufsichtigen der Leistungen anderer Unternehmer.

Im Umfang seiner geschuldeten Ausführungsleistung hat der Auftragnehmer grundsätzlich seine eigenen Leistungen zu beaufsichtigen und zu überwachen. Wünscht der Auftraggeber eine Beaufsichtigung oder Überwachung der Leistungen Dritter, sind diese Leistungen als Besondere Leistung zu vereinbaren und zusätzlich zu vergüten.

Wenn der Auftragnehmer Teile seiner vertraglichen Ausführungsleistung an einen anderen Nachunternehmer vergibt, ist der Auftragnehmer des Bauherrn verpflichtet, die Leistungen seines Nachunternehmers nach § 4 Absatz 2 und 8 VOB/B ohne zusätzliche oder gesonderte Vergütung zu überwachen. Im Bereich der Gebäudeautomation werden z. B. teilweise Verkabelungs- und Anschlussarbeiten an Nachunternehmer beauftragt, die dann ohne gesonderte Vergütung durch den Auftragnehmer der Gebäudeautomation überwacht werden müssen.

4.2.3 Erfüllen von Aufgaben des Auftraggebers (Bauherrn) hinsichtlich der Planung der Ausführung des Bauvorhabens oder der Koordinierung gemäß Baustellenverordnung.

Grundsätzlich haben ausführende Bauunternehmen keine aus der Baustellenverordnung abgeleiteten Pflichten. Jedoch kann der Bauherr diese Pflichten und auch die Planung der Ausführung an den Bauausführenden vertraglich übertragen (siehe hierzu auch in diesem Kommentar die Ausführungen in Abschnitt 0.1.18 der ATV DIN 18299). Auch Planungsleistungen, die im Üblichen durch den Bauherrn an den Bauausführenden übergeben werden und die Grundlage für die Erstellung der Werk- und Montageplanung bilden, können vertraglich an den Bauausführenden beauftragt werden.

Der Bauherr muss jedoch alle sicherheits- und gesundheitsschutzrelevanten Erkenntnisse aus den Planungsphasen, die vor den vertraglich vereinbarten Leistungen des Bauausführenden zu erbringen waren, einbringen. Darunter fällt auch die Erstellung des SiGePlanes durch den Bauherrn.

Um Bauherrenaufgaben aus der Baustellenverordnung auf den Auftragnehmer zu übertragen, müssen folgende Voraussetzungen gegeben sein:

1) Der SiGePlan wird dem Bauunternehmer zur Verfügung gestellt

2) Die Zuständigkeiten des Koordinators müssen eindeutig vertraglich geregelt sein (zeitlich, räumlich, sachlich)

3) Das ausführende Unternehmen muss über geeignete Koordinatoren verfügen.

4.2.4   Leistungen zur Unfallverhütung und zum Gesundheitsschutz für Mitarbeiter anderer Unternehmen.

Grundsätzlich gehören Sicherungsmaßnahmen zur Unfallverhütung zu den Aufgaben des Auftraggebers. Sollte der Auftraggeber vom Auftragnehmer Leistungen als Sicherungsmaßnahmen zum Schutz Dritter wünschen, sind diese gemäß Abschnitt 0.4.2 ATV DIN 18299 in der Leistungsbeschreibung zu beschreiben und vorzusehen. Sollte der Auftraggeber nach Beauftragung einer Bauleistung diese Leistung zusätzlich vom Ausführenden wünschen, ist der Auftragnehmer gemäß § 2 Absatz 6 VOB/B berechtigt, für diese Leistung eine besondere Vergütung zu fordern.

4.2.5   Besondere Schutz- und Sicherheitsmaßnahmen bei Arbeiten in kontaminierten Bereichen, z. B. messtechnische Überwachung, spezifische Zusatzgeräte für Baumaschinen und Anlagen, abgeschottete Arbeitsbereiche.

Müssen aufgrund kontaminierter Bereiche zusätzliche Aufwendungen vom Auftragnehmer zu kalkulieren sein (die Aufwendungen gehen dann weit über den üblichen Schutz der Arbeitnehmer hinaus), sind die Schutz- und Sicherungsmaßnahmen und alle damit verbundenen Leistungen in der Leistungsbeschreibung gezielt zu beschreiben. Abschnitt 4.2.5 ATV DIN 18299 nennt im Nebensatz Beispiele für Schutz- und Sicherungsmaßnahmen und ist nicht abschließend.

4.2.6 Leistungen für besondere Schutzmaßnahmen gegen Witterungs-schäden, Hochwasser und Grundwasser, ausgenommen Leistungen nach Abschnitt 4.1.10.

Sollten abweichend von Abschnitt 4.1.10 ATV DIN 18299 besondere Schutz-maßnahmen gegen Witterungsschäden, Hochwasser und Grundwasser durch den Auftragnehmer zu erbringen sein, sind diese Schutzmaßnahmen in der Leistungsbeschreibung eindeutig zu beschreiben, so dass der Auftragnehmer diese Aufwendungen kalkulieren kann. Diese Schutzmaßnahmen können z. B. auch Vorkehrungen für das Schaffen von Umgebungsbedingungen (z. B. Behei-zen der Baustelle zur Schaffung von Lufttemperaturen für ordnungsgemäße Umgebungsbedingungen und das Verlegen von Kabeln) oder auch zum Schutz des Personals (z. B. notwendige Sicherungsmaßnahmen in Technikzentralen) sein.

Auf weitere Erläuterungen zu den Regeln von „Schlechtwetter" wird an dieser Stelle verzichtet, da im Bereich Gebäudeautomation kaum Arbeiten in den Außenbereichen oder im Freien ausgeführt werden.

4.2.7 Versicherung der Leistung bis zur Abnahme zugunsten des Auftrag-gebers oder Versicherung eines außergewöhnlichen Haftpflichtwagnisses.

Sollte der Auftraggeber Versicherung wünschen, die im Falle des Unvermögens des Auftragnehmers zur Erfüllung seiner Verpflichtungen für die Leistungs-erbringung bis zur Abnahme einzustehen hat oder die zugunsten des Auf-traggebers für außergewöhnliche Haftpflichtwagnisse einstehen soll, hat der Auftragnehmer Anspruch auf die gesonderte Vergütung der entsprechenden Prämien.

4.2.8 Besondere Prüfung von Stoffen und Bauteilen, die der Auftraggeber liefert.

Grundsätzlich gehört es zu den Pflichten des Auftragnehmers gemäß § 4 Ab-satz 3 VOB/B, vom Auftraggeber gelieferte Stoffe oder Bauteile auf Güte und Eignung zu prüfen. Damit sind vorgenannte Prüfungen Nebenleistungen im Sinne der VOB. Sollte eine besondere – und weitergehende – Prüfung von vom Auftraggeber gelieferten Stoffen und Bauteilen notwendig sein, ist diese nicht mit den vertraglichen Preisen abgegolten und gilt als besondere Leistung nach VOB. Um in der Leistungsbeschreibung den Umfang und die Art der Prüfung zu beschreiben, empfiehlt es sich, besondere Ordnungszahlen (Positionen) nach Abschnitt 0.4.2 ATV DIN 18299 vorzusehen.

Sollte der Auftragnehmer die Güte und Eignung der vom Auftraggeber übergebenen Stoffe und Bauteile bezweifeln und es werden daraufhin Prüfungen durchgeführt, muss der Auftragnehmer die Kosten übernehmen, wenn nach Prüfergebnis die zugesicherten Eigenschaften und die Eignung für den vorgesehenen Verwendungszweck gegeben sind. Sollten sich allerdings nach der Prüfung die Annahmen des Auftragnehmers bestätigen und die durch den Auftraggeber übergebenen Stoffe und Bauteile sind für den vorgesehenen Verwendungszweck nicht geeignet und besitzen nicht die zugesicherten Eigenschaften, trägt der Auftraggeber die angefallenen Kosten. Sollten neue/andere Stoffe und Bauteile gewählt werden, ist dann ein neuer Preis zu vereinbaren.

4.2.9 Aufstellen, Vorhalten, Betreiben und Beseitigen von Einrichtungen zur Sicherung und Aufrechterhaltung des Verkehrs auf der Baustelle, z. B. Bauzäune, Schutzgerüste, Hilfsbauwerke, Beleuchtungen, Leiteinrichtungen.

Gemäß § 4 Absatz 1 Nummer 1 VOB/B hat der Auftraggeber für die Aufrechterhaltung der allgemeinen Ordnung auf der Baustelle zu sorgen. Wünscht der Bauherr Leistungen gemäß Abschnitt 4.2.9 ATV DIN 18299 vom Auftragnehmer, sind das besondere Leistungen, die in der Leistungsbeschreibung gesondert auszuschreiben und durch den Auftraggeber gesondert zu vergüten sind.

4.2.10 Aufstellen, Vorhalten, Betreiben und Beseitigen von Einrichtungen außerhalb der Baustelle zur Umleitung, Regelung und Sicherung des öffentlichen und Anliegerverkehrs sowie das Einholen der hierfür erforderlichen verkehrsrechtlichen Genehmigungen und Anordnungen nach der StVO.

Gemäß § 4 Absatz 1 Nummer 1 Satz 2 VOB/B hat der Auftraggeber alle erforderlichen öffentlich-rechtlichen Genehmigungen und Erlaubnisse herbeizuführen. Wünscht der Bauherr Leistungen gemäß Abschnitt 4.2.10 ATV DIN 18299 vom Auftragnehmer, sind das besondere Leistungen, die in der Leistungsbeschreibung gesondert auszuschreiben und durch den Auftraggeber gesondert zu vergüten sind.

4.2.11 Bereitstellen von Teilen der Baustelleneinrichtung für andere Unternehmer oder den Auftraggeber.

Grundsätzlich richtet ein Auftragnehmer die Baustelle nach seinen für seine Leistung notwendigen Erfordernissen ein. Soll der Auftragnehmer für Dritte eine Baustelleneinrichtung bereitstellen, sind diese Leistungen detailliert in der Leistungsbeschreibung zu beschreiben und durch den Auftraggeber als besondere Leistung zu vergüten.

4.2.12 Leistungen für besondere Maßnahmen aus Gründen des Umweltschutzes sowie der Landes- und Denkmalpflege.

Wenn der Auftragnehmer aus Gründen des Umweltschutzes und der Landes- und Denkmalpflege besondere Maßnahmen zu erbringen hat, hat er Anspruch auf besondere Vergütung. Im Bereich der Gebäudeautomation kann solch eine Anforderung z.B. beim Entsorgen von alten Automationseinrichtungen mit Quecksilber entstehen.

4.2.13 Entsorgen von Abfall über die Leistungen nach den Abschnitten 4.1.11 und 4.1.12 hinaus.

Wenn Abfall über 1 m^3 gemäß Abschnitt 4.1.12 ATV DIN 18299 aus dem Leistungsbereich des Auftragnehmers zu entsorgen, Verunreinigungen zu beseitigen oder Abfälle zu entsorgen sind, welche nicht aus dem Leistungsbereich des Auftragnehmers kommen (siehe hierzu Abschnitt 4.1.11 ATV DIN 18299), sind diese Leistungen besondere Leistungen, besonders zu vergüten und in der Leistungsbeschreibung gesondert auszuschreiben.

4.2.14 Schutz der Leistung, wenn der Auftraggeber eine vorzeitige Benutzung verlangt.

Sollte der Auftraggeber eine vorzeitige Benutzung verlangen, führt dieses Verlangen im Bereich der Gebäudeautomation zu einer vorzeitigen Inbetriebnahme und zu einem besonderen Schutz der Leistungen. Die dafür notwendigen Aufwendungen sind als besondere Leistung zu vergüten.

4.2.15 Beseitigen von Hindernissen.

Sollten Ausführungsleistungen des Auftragnehmers nur dann möglich sein, wenn er Hindernisse beseitigen muss, die nicht durch ihn verursacht wurden, sind die dafür notwendigen Aufwendungen durch den Auftraggeber zu vergüten.

4.2.16 Zusätzliche Leistungen für die Weiterarbeit bei Frost und Schnee, soweit sie dem Auftragnehmer nicht ohnehin obliegen.

An dieser Stelle sei auf die Ausführungen dieses Kommentars bei Abschnitt 4.2.6 ATV DIN 18299 verwiesen. Sind für die Arbeiten bei Frost und Schnee zusätzliche Leistungen (wie das Beheizen von Gebäudeteilen) notwendig, sind diese Leistungen gesondert auszuschreiben und zu vergüten.

4.2.17 Leistungen für besondere Maßnahmen zum Schutz und zur Sicherung gefährdeter baulicher Anlagen und benachbarter Grundstücke.

Leistungen nach Abschnitt 4.2.17 ATV DIN 18299 betreffen eher selten die Ausführungsleistungen des Gewerkes Gebäudeautomation. Aus diesem Grund wird in diesem Kommentar nicht weiter auf diesen Abschnitt eingegangen.

4.2.18 Sichern von Leitungen, Kabeln, Dränen, Kanälen, Grenzsteinen, Bäumen, Pflanzen und dergleichen.

Im Bereich der Gebäudeautomation kann es bei Bestandsliegenschaften notwendig sein, bestehende Kabelverbindungen zu sichern, um diese weiter zu verwenden. Sollten solche Anforderungen bestehen, sind die notwendigen Arbeiten in der Leistungsbeschreibung im Rahmen besonderer Leistungen auszuschreiben.

4.1.b ATV DIN 18386

4 Nebenleistungen, Besondere Leistungen

Auch im Bereich der Gebäudeautomation wird gemäß Abschnitt 4 der ATV DIN 18386 zwischen Nebenleistungen und Besonderen Leistungen unterschieden. Besondere Leistungen sind in der Leistungsbeschreibung eindeutig zu beschreiben und zwischen Auftraggeber und Auftragnehmer vertraglich zu vereinbaren, anderenfalls sie nur gegen besondere Vergütung geschuldet sind.

4.1 Nebenleistungen sind ergänzend zur ATV DIN 18299, Abschnitt 4.1, insbesondere:

Nebenleistungen, die im Abschnitt 4.1 ATV DIN 18386 aufgeführt sind, sind ergänzend zu den Nebenleistungen der ATV DIN 18299 zu beachten und in den Ausführungsleistungen der Gebäudeautomation einzukalkulieren.

4.1.1 Anzeichnen der Aussparungen, auch wenn diese von einem anderen Unternehmer hergestellt werden.

Eine Schlitz- und Durchbruchsplanung ist mit der Ausführungsplanung durch den Auftraggeber an den Auftragnehmer zu übergeben. Auf Basis dieser Vorgaben muss der Auftragnehmer die für seine Leistung notwendigen Aussparungen anzeichnen, auch wenn diese durch einen anderen Unternehmer hergestellt werden. In der Leistungsbeschreibung sind Angaben über Art und Umfang der Aussparungen (z. B. Schlitze für Unterputzverlegung von Kabeln und Leitungen oder Aussparungen für Bediengeräte in Wänden) zu machen.

4.1.2 Auf-, Um- und Abbauen sowie Vorhalten von Gerüsten für eigene Leistungen, sofern der Montageort nicht höher als 3,50 m über der Standfläche des hierfür erforderlichen Gerüstes liegt.

Das Auf-, Um- und Abbauen sowie das Vorhalten von Gerüsten, die der Auftragnehmer für seine eigenen Leistungen benötigt, sind gemäß Abschnitt 4.1.2 ATV DIN 18386 eine Nebenleistung bis zu einer Höhe des Montageortes von 3,50 m über der Standfläche des für die Montage erforderlichen Gerüstes.

Ist die Höhe des Montageortes höher als 3,50 m über der Standfläche der jeweiligen Standfläche des für die Montage erforderlichen Gerüstes, ist das Auf-, Um- und Abbauen sowie das Vorhalten des Gerüstes eine Besondere Leistung nach Abschnitt 4.2.4 ATV DIN 18386.

4.1.3 Ausgleichen abgestufter oder geneigter Standflächen von Gerüsten bis zu 40 cm Höhenunterschied, z. B. über Treppen oder Rampen.

Ist es notwendig, dass Gerüste auf abgestuften oder geneigten Standflächen von bis zu 40 cm Höhenunterschied aufgestellt werden, stellt das Ausgleichen in diesem Fall eine Nebenleistung gemäß Abschnitt 4.1.3 ATV DIN 18386 dar. Die im Nebensatz aufgeführten Beispiele sind nicht abschließend.

Ist der Höhenunterschied einer abgestuften oder geneigten Standfläche größer als 40 cm, ist die Leistung eine Besondere Leistung nach Abschnitt 4.2.5 ATV DIN 18386.

4.1.4 Bohr-, Stemm- und Fräsarbeiten für das Einsetzen von Dübeln und für den Einbau von Installationen, z. B. Unterputzdosen.

Ergänzend zum Abschnitt 4.1.1 ATV DIN 18386 sind Bohr-, Stemm- und Fräsarbeiten für das Einsetzen von Dübeln und für den Einbau von Installationen Nebenleistungen. Die Aufwendungen sind in die Preise einzukalkulieren, die Leistungsbeschreibung muss Angaben über Art und Umfang der Arbeiten machen. Das im Nebensatz aufgeführte Beispiel der Unterputzdosen ist nicht abschließend.

Sollten Bohr-, Stemm- und Fräsarbeiten für die Befestigung von Konsolen und Halterungen nötig sein, sind diese, wie im Abschnitt 4.2.8 ATV DIN 18386 beschrieben, Besondere Leistungen.

4.1.5 Liefern und Anbringen der Typ- und Leistungsschilder.

Komponenten und Bauteile der Gebäudeautomation, die zum Leistungsumfang des Auftragnehmers gehören, müssen mit Typen- und Leistungsschildern versehen werden. Diese Leistung ist nach Abschnitt 4.1.5 ATV DIN 18386 eine Nebenleistung. Sie ist so auszuführen, dass sie dem Gebrauchszweck entspricht.

4.1.6 Fertigstellen von Bauteilen in mehreren Arbeitsgängen zur Ermöglichung von Arbeiten anderer Unternehmer, soweit die eigenen Leistungen im Zuge gleichartiger Montagearbeiten kontinuierlich erbracht werden können. Sind diese Voraussetzungen nicht gegeben, handelt es sich um Besondere Leistungen nach Abschnitt 4.2.16.

Sollten Arbeitsgänge nicht durchgehend (in mehreren Arbeitsgängen) vom Auftragnehmer durchgeführt werden können, aber besteht die Möglichkeit, sein Personal auf der Baustelle für gleichartige Montagearbeiten an anderen Bauteilen einzusetzen, gilt dies als Nebenleistung gemäß Abschnitt 4.1.6 ATV DIN 18386. Kann der Auftragnehmer seine Leistungen nicht mehr mit gleichartigen Montagetätigkeiten kontinuierlich erbringen, handelt es sich um Besondere Leistungen nach Abschnitt 4.2.16 ATV DIN 18386.

4.2 Besondere Leistungen sind ergänzend zur ATV DIN 18299, Abschnitt 4.2, z. B.:

Besondere Leistungen, die im Abschnitt 4.2 ATV DIN 18386 aufgeführt sind, sind ergänzend zu den Besonderen Leistungen der ATV DIN 18299 zu beachten. Besondere Leistungen müssen in der Leistungsbeschreibung als eigenständige Ordnungszahl (Position) aufgeführt und beschrieben werden. Sollten Besondere Leistungen nachträglich bei einer Ausführungsleistung erforderlich werden, sind diese im Sinne des § 1 Absatz 4 Satz 1 VOB/B auszuführen und gemäß § 2 Absatz 6 VOB/B zu vergüten.

Unter Abschnitt 4.2 werden in der ATV DIN 18386 ergänzend zur ATV DIN 18299 nur einige der auszuführenden Besonderen Leistungen aufgeführt, die, wenn im jeweiligen Bauvorhaben notwendig, in der Leistungsbeschreibung zu berücksichtigen sind.

4.2.1 Planungsleistungen wie Entwurfs-, Ausführungs- oder Genehmigungsplanung, Leerrohr- und Aussparungsplanung.

Die in Abschnitt 4.2.1 ATV DIN 18386 genannten Planungsleistungen sind üblicherweise durch den Auftraggeber (bzw. seinen Fachplaner) zu erbringen. Sollte der Auftragnehmer auf Wunsch des Auftraggebers Planungsleistungen gemäß Abschnitt 4.2.1 ATV DIN 18386 erbringen, sind diese Leistungen Besondere Leistungen und gesondert zu vergüten.

4.2.2 Vorhalten von Aufenthalts- und Lagerräumen, wenn der Auftraggeber Räume, die leicht verschließbar gemacht werden können, nicht zur Verfügung stellt.

Gemäß § 4 Absatz 4 Nummer 1 VOB/B hat der Auftraggeber dem Auftragnehmer die notwendigen Lager- und Arbeitsplätze auf der Baustelle zu überlassen.

Die Räume müssen leicht verschließbar gemacht werden können. Sollte der Auftraggeber diese Räume nicht zur Verfügung stellen können (das gilt auch bei Räumen, die vorhanden sind, aber nicht leicht verschließbar gemacht werden können), sind alle Aufwendungen, die der Auftragnehmer zur Gestellung eigener Räume hat (z. B. Montagecontainer, Baracken oder andere Anmietungen), durch den Auftraggeber als Besondere Leistung zu vergüten.

Sind z. B. bei der Erstellung der Leistungsbeschreibung die vom Auftragnehmer beizubringenden Umfänge von Material- und Aufenthaltscontainern bekannt, sind Art und Umfang der zu liefernden Container in der Leistungsbeschreibung als eigenständige Ordnungszahl (Position) auszuschreiben. Dabei ist auch die Leistungsdauer (Dauer der Bereitstellung) in der Position zu beschreiben.

4.2.3 Auf-, Um- und Abbauen sowie Vorhalten von Gerüsten für Leistungen anderer Unternehmer.

Stellt der Auftragnehmer Gerüste für Leistungen Dritter bei, sind die Aufwendungen für das Auf-, Um- und Abbauen sowie für das Vorhalten von Gerüsten Besondere Leistungen nach Abschnitt 4.2.3 ATV DIN 18386 und damit gesondert zu vergüten.

4.2.4 Auf-, Um- und Abbauen sowie Vorhalten von Gerüsten für eigene Leistungen, sofern der Montageort höher als 3,50 m über der Standfläche des hierfür erforderlichen Gerüstes liegt.

Gegenüber der Nebenleistung für Gerüste nach Abschnitt 4.1.2 ATV DIN 18386 stellt das Auf-, Um- und Abbauen sowie das Vorhalten des Gerüstes mit einer Höhe des Montageortes, die höher als 3,50 m über der Standfläche der jeweiligen Standfläche des für die Montage erforderlichen Gerüstes ist, eine Besondere Leistung nach Abschnitt 4.2.4 ATV DIN 18386 dar.

4.2.5 Auf-, Um- und Abbauen sowie Vorhalten von Gerüsten mit abgestufter oder geneigter Standfläche, z. B. über Treppen oder Rampen, sofern ein Ausgleich von mehr als 40 cm erforderlich ist.

Ist der Höhenunterschied einer abgestuften oder geneigten Standfläche größer als 40 cm, ist die Leistung eine Besondere Leistung nach Abschnitt 4.2.5

ATV DIN 18386. Ist der Höhenunterschied gleich oder kleiner 40 cm, stellt die Leistung eine Nebenleistung nach Abschnitt 4.1.3 ATV DIN 18386 dar.

Die im Nebensatz aufgeführten Beispiele sind nicht abschließend.

4.2.6 Liefern und Einbauen besonderer Befestigungskonstruktionen, z. B. Konsolen, Stützgerüste.

Sind besondere Befestigungskonstruktionen für die Leistung der Gebäudeautomation notwendig, sind diese Leistungen besondere Leistungen nach Abschnitt 4.2.6 ATV DIN 18386, gesondert vertraglich zwischen Auftraggeber und Auftragnehmer zu vereinbaren und durch den Auftraggeber gesondert zu vergüten.

4.2.7 Prüfen der nicht vom Auftragnehmer ausgeführten elektrischen Verkabelung und pneumatischen Verrohrung der Steuer- oder Regelanlage.

Gemäß § 4 Absatz 3 VOB/B gehört es zu den Pflichten des Auftragnehmers, vom Auftraggeber gelieferte Stoffe oder Bauteile auf Güte und Eignung zu prüfen. Damit sind vorgenannte Prüfungen Nebenleistungen im Sinne der VOB. Ist jedoch die nicht durch den Auftragnehmer ausgeführte elektrische Verkabelung bzw. die pneumatische Verrohrung der Steuer- und Regelanlage zu prüfen, ist das eine besondere – und weitergehende – Prüfung, die nicht mit den vertraglichen Preisen abgegolten ist und als besondere Leistung nach Abschnitt 4.2.7 ATV DIN 18386 gilt. Um in der Leistungsbeschreibung den Umfang und die Art der Prüfung zu beschreiben, empfiehlt es sich, besondere Ordnungszahlen (Positionen) nach Abschnitt 0.4.2 ATV DIN 18299 vorzusehen.

Um als Auftragnehmer die Prüfung durchführen zu können, empfiehlt es sich, das von der dritten Firma, die z. B. die elektrische Verkabelung für das Gewerk Gebäudeautomation im Auftrag des Auftraggebers ausführt, eine geordnete und eindeutige Bezeichnung und Beschriftung der beiden Kabelenden vorgenommen wird und eine eindeutige Dokumentation in Form von Kabel- und Klemmplänen vorgelegt wird.

Werden Leistungen nach Abschnitt 4.2.7 ATV DIN 18386 durch vom Auftragnehmer beauftragte Unternehmen ausgeführt, gilt das Prüfen dieser Leistung nicht als Besondere Leistung, sondern ist als Leistung ohne zusätzliche Vergütung durch den Auftragnehmer zu erbringen.

4.2.8 Bohr-, Stemm- und Fräsarbeiten für die Befestigung von Konsolen und Halterungen. Herstellen und Schließen von Aussparungen.

Abweichend von der Nebenleistung gemäß Abschnitt 4.1.4 ATV DIN 18386 sind Bohr-, Stemm- und Fräsarbeiten für die Befestigung von Konsolen und Halterungen bzw. in diesem Zusammenhang das Herstellen und Schließen von Aussparungen Besondere Leistungen, da sie im Bereich der Gebäudeautomation nicht gewerbeüblich sind.

Sind vom Auftragnehmer Bohr-, Stemm- und Fräsarbeiten durchzuführen, sind die bautechnischen Bestimmungen und die anerkannten Regeln der Technik zu beachten. Insbesondere bei tragenden Bauteilen ist eine Abstimmung mit dem Tragwerksplaner zwingend erforderlich (siehe hierzu auch Abschnitt 3.1.8 ATV DIN 18386).

4.2.9 Liefern und Befestigen der Funktions-, Bezeichnungs- und Hinweisschilder.

Abweichend zum Abschnitt 4.1.5 ATV DIN 18386 (Liefern und Anbringen der Typ- und Leistungsschilder) ist das Liefern und Befestigen der Funktions-, Bezeichnungs- und Hinweisschilder eine Besondere Leistung, die nach Art, Anzahl, Qualität, Form und Farbe in der Leistungsbeschreibung zu beschreiben und gesondert zu vergüten ist.

Funktions-, Bezeichnungs- und Hinweisschilder sind projektbezogen und sie dienen der Orientierung bezüglich der Funktion der jeweiligen Anlagenteile und Komponenten. Sie haben insbesondere den Zweck, eine sichere Bedienung und Wartung sowie eine Orientierungshilfe für die Instandhaltung zu gewährleisten. Soweit Normen und Richtlinien bestehen, sind diese bei der Symbolik, Farbgebung und Form der Schilder in Abstimmung mit dem Auftraggeber zu berücksichtigen.

4.2.10 Liefern der für Inbetriebnahme, Einregulierung und Probebetrieb notwendigen Betriebsstoffe.

Entgegen Abschnitt 4.1.7 ATV DIN 18299, wo das Liefern für die Leistung des Auftragnehmers notwendiger Betriebsstoffe eine Nebenleistung darstellt (siehe hierzu die Ausführungen in diesem Kommentar), ist das Liefern der für die Inbetriebnahme, Einregulierung und den Probebetrieb notwendigen Betriebsstoffe nach Abschnitt 4.2.10 ATV DIN 18386 eine Besondere Leistung.

Die für die Inbetriebnahme, Einregulierung und den Probebetrieb notwendigen Betriebsstoffe sind üblicherweise elektrischer Strom, Wärme, Wasser und in besonderen Fällen auch Kälte und sind in der Regel vom Auftraggeber zur Verfügung zu stellen und durch diesen zu bezahlen. Diese Kosten dürfen nicht vom Auftraggeber an den Auftragnehmer berechnet werden. Beschafft der Auftragnehmer diese Betriebsstoffe, sind diese gemäß Abschnitt 4.2.10 ATV DIN 18386 vom Auftragnehmer als Besondere Leistung an den Auftragnehmer zu vergüten.

4.2.11 Leistungen für provisorische Maßnahmen zum vorzeitigen Betreiben der Anlage oder von Anlageteilen vor der Abnahme nach Anordnung des Auftraggebers, einschließlich der erforderlichen Instandhaltungsleistungen.

Aufgrund von ggf. erforderlicher vorzeitiger Nutzungen oder Teilnutzungen von Anlagen oder Anlagenteilen kann es notwendig sein, durch provisorische Maßnahmen einen vorzeitigen Betrieb der Anlage oder von Anlagenteilen zu ermöglichen. Gemäß Abschnitt 4.2.11 ATV DIN 18386 sind provisorischen Maßnahmen einschließlich der erforderlichen Instandhaltungsmaßnahmen zum Zweck des vorzeitigen Betriebs Besondere Leistungen und dem Auftragnehmer zu vergüten.

4.2.12 Betreiben der Anlage oder von Anlagenteilen vor der Abnahme nach Anordnung des Auftraggebers einschließlich der erforderlichen Instandhaltungsleistungen.

Sollte der Auftraggeber (z. B. resultierend aus einem vorzeitigen Betrieb der Anlagen oder Anlagenteile gemäß Abschnitt 4.2.11 ATV DIN 18386) das Betreiben von Anlagen oder von Anlagenteilen vor der Abnahme wünschen, sind diese Leistungen einschließlich der erforderlichen Instandhaltung gesondert zu vergüten. Dabei sind zwischen Auftraggeber und Auftragnehmer die Übernahme der Haftung und des Gefahrenübergangs sowie die Notwendigkeit der Abschluss besonderer Versicherungen (z. B. Bauwesenversicherung) zu vereinbaren.

4.2.13 Schulungsmaßnahmen und Einweisungen über die Leistungen nach Abschnitt 3.3.3 hinaus.

Gemäß Abschnitt 3.3.3 ATV DIN 18386 ist das Bedienungspersonal durch den Auftragnehmer einmal einzuweisen. Sind darüber hinaus Schulungsmaßnahmen und Einweisungen durch den Auftraggeber gewünscht, sind das gesondert zu vergütende Besondere Leistungen nach Abschnitt 4.2.13 ATV DIN 18386. In der Leistungsbeschreibung müssen genaue Angaben über Ort, Anzahl der Personen, Dauer, zusätzliche Wünsche wie z. B. Bewirtung etc. gemacht werden, so dass die Aufwendungen für den Auftragnehmer kalkulierbar sind und alle vom Auftraggeber gewünschten Leistungen angeboten und vertraglich vereinbart werden. Aus diesem Grund sollte diese Leistung in einer gesonderten Ordnungszahl (Position) in der Leistungsbeschreibung beschrieben werden.

4.2.14   Erstellen von Bestandsplänen.

Bestandspläne sind Pläne, die den Bestand eines Bauvorhabens als Grundlage für die Erstellung von Ausführungsplänen oder Werk- und Montageplänen darstellen. Somit gehören Bestandspläne nicht zum Leistungsumfang eines Auftragnehmers. Wünscht der Auftraggeber die Erstellung von Bestandsplänen durch den Auftragnehmer, sind diese Leistungen gemäß Abschnitt 4.2.14 ATV DIN 18386 Besondere Leistungen und gesondert zu vergüten.

4.2.15   Übernahme der Gebühren für behördlich vorgeschriebene Abnahmeprüfungen.

Der Auftraggeber ist gemäß jeweils geltendem Bauordnungsrecht in den Bundesländern für die Durchführung der bauordnungsrechtlichen Prüfungen nach Prüfverordnungen verantwortlich und hat die Gebühren für diese Abnahmeprüfungen zu entrichten. Soll der Auftragnehmer gemäß Abschnitt 4.2.15 ATV DIN 18386 die Gebühren für die behördlich vorgeschriebenen Abnahmeprüfungen übernehmen, sind diese als Besondere Leistungen durch den Auftraggeber an den Auftragnehmer gesondert zu vergüten.

4.2.16   Fertigstellen von Bauteilen in mehreren Arbeitsgängen zur Ermöglichung von Arbeiten anderer Unternehmer, soweit die eigenen Leistungen im Zuge gleichartiger Montagearbeiten nicht kontinuierlich erbracht werden können (siehe Abschnitt 4.1.6).

Wenn der Auftragnehmer die eigenen Leistungen entgegen Abschnitt 4.1.6 ATV DIN 18386 nicht kontinuierlich erbringen kann und ihm dadurch Mehraufwendungen entstehen (z. B. Verlassen der Baustelle und erneutes Einrichten zu einem späteren Zeitpunkt, Reduzierung des vorgesehenen Personals), sind diese Mehraufwendungen Besondere Leistungen gemäß Abschnitt 4.2.16 ATV DIN 18386 und gesondert durch den Auftraggeber zu vergüten.

5 Abrechnung

5.1.a ATV DIN 18299

5 Abrechnung

Die Leistung ist aus Zeichnungen zu ermitteln, soweit die ausgeführte Leistung diesen Zeichnungen entspricht. Sind solche Zeichnungen nicht vorhanden, ist die Leistung aufzumessen.

Abschnitt 5 der ATV DIN 18299 fordert, dass die Leistung für die Abrechnung aus Zeichnungen zu ermitteln ist, wenn die ausgeführte Leistung auch tatsächlich diesen Zeichnungen entspricht. Je nach Leistungsbereich (Gewerk) können aus Zeichnungen Stückzahlen und ggf. Maße ermittelt werden. Weitere Hinweise, wie und in welcher Abrechnungseinheit aufzumessen ist, geben die ATV DIN 18299 ff. der jeweiligen Leistungsbereiche (Gewerke), für das Gewerk Gebäudeautomation die ATV DIN 18386 in den Abschnitten 0.5 und 5.

Grundlage einer prüfbaren Abrechnung gemäß § 14 Absatz 1 Satz 1 VOB/B ist das Vorlegen von Zeichnungen durch den Auftragnehmer gemäß Abschnitt 5 ATV DIN 18299, die der ausgeführten Leistungen entsprechen. Daraus folgend handelt es sich um während der Ausführung der Leistung fortgeschriebene Unterlagen, die die erbrachte Leistung dokumentieren. Diese Zeichnungen dienen der Vereinfachung der Massenermittlung, da das aufwendige Aufmessen vor Ort entfallen kann.

Gemäß § 14 Absatz 2 Satz 1 VOB/B sind die für die Abrechnung notwendigen Feststellungen dem Fortgang der Leistung entsprechend gemeinsam (Auftraggeber bzw. durch ihn beauftragter Fachplaner und Auftragnehmer) vorzunehmen. Der Auftragnehmer hat rechtzeitig gemeinsame Feststellungen zu beantragen, wenn die Leistung bei Weiterführung der Arbeiten schwer feststellbar ist.

Sollte der Auftragnehmer nach Aufforderung durch den Auftraggeber gemäß § 2 Absatz 9 Nummer 1 VOB/B Zeichnungen, Berechnungen oder andere Unterlagen verlangen, die der Auftragnehmer nach dem Vertrag oder der gewerblichen Verkehrssitte nicht zu beschaffen hat, muss der Auftraggeber diese Leistungen zusätzlich vergüten.

Die für die Abrechnung im Abschnitt 5 ATV DIN 18299 ff. getroffenen „Standards" sollen dem Ausschreibenden und den Bietern das gleiche Verständnis über den Inhalt der auszuführenden Leistung erleichtern und den bauüberwachenden Fachplanern und den Ausführenden eine vereinfachte und „standardisierte" Aufmaßerstellung und Abrechnung der Bauleistung ermöglichen.

Die Massenzusammenstellung ist so anzufertigen, dass ein direkter Bezug der ermittelten Massen zur beauftragten Leistung möglich ist. Es sind die Ordnungszahlen (Titel und Positionsnummer) der Leistungsbeschreibung bzw. eine eindeutige Beschreibung zum Auftragsbezug (zum Beispiel nachbeauftragte Leistungen) anzugeben. Um die Überprüfung der Massenzusammenstellung so leicht wie möglich zu machen, empfiehlt es sich, die Reihenfolge der Leistungsbeschreibung einzuhalten.

Üblich ist die Anerkennung der Massen durch Unterschrift des Auftraggebers oder dessen Bevollmächtigten auf dem Aufmaßblatt.

Es gelten im Weiteren die Ausführungen in diesem Kommentar zum Abschnitt 0.2.21 ATV DIN 18299.

Anhang A
Begriffsbestimmungen zu den Allgemeinen Technischen Vertragsbedingungen für Bauleistungen

- **Aussparungen** sind bei Bauteilen Querschnittsschwächungen, deren Tiefe kleiner oder gleich der Bauteiltiefe sein kann. Aussparungen sind bei Flächen nicht zu behandelnde bzw. nicht herzustellende Teile. Aussparungen entstehen, z. B. durch Öffnungen (auch raumhoch), Durchbrüche, Durchdringungen, Nischen, Schlitze, Hohlräume, Leitungen, Kanäle.

- **Unterbrechungen** sind bei der Ermittlung der Längenmaße trennende, nicht zu behandelnde bzw. nicht herzustellende Abschnitte. Unterbrechungen durch Bauteile sind bei der Ermittlung der Flächenmaße trennende, nicht zu behandelnde bzw. nicht herzustellende Teilflächen geringer Breite, z. B. Fachwerkteile, Vorlagen, Lisenen, Gesimse, Entwässerungsrinnen, Einbauten.

- **Anarbeiten:** Heranführen an begrenzende Bauteile ohne Anpassen oder Anschließen.

- **Anpassen:** Heranführen an begrenzende Bauteile durch Bearbeiten des heranzuführenden Baustoffes, so dass dieser der Geometrie des begrenzenden Bauteils folgt.

- **Anschließen:** Heranführen an begrenzende Bauteile und Sicherstellen einer definierten technischen Funktion, z. B. Winddichtheit, Wasserdichtheit, Kraftschluss.

- **Das kleinste umschriebene Rechteck:** Das kleinste umschriebene Rechteck ergibt sich aus dem kleinsten Rechteck, das eine Fläche beliebiger Form umschließt.

Bei den Begriffsbestimmungen werden drei in der Ausschreibungs- und Baupraxis oft verwechselte Leistungen (Anarbeiten, Anpassen, Anschließen) und drei oft diskutierte Aufmaßregeln beschrieben.

5.1.b ATV DIN 18386

5 Abrechnung

Ergänzend zur ATV DIN 18299, Abschnitt 5, gilt:

Abschnitt 5 der ATV DIN 18386 gilt ergänzend zum Abschnitt 5 der ATV DIN 18299 im Leistungsbereich Gebäudeautomation. An dieser Stelle sei auf die Erläuterungen für den Abschnitt 0.5 ATV DIN 18299 und 18386 in diesem Kommentar verwiesen.

5.1 Allgemeines

Der Ermittlung der Leistung – gleichgültig, ob sie nach Zeichnung oder nach Aufmaß erfolgt – sind die Maße der Anlagenteile der hergestellten Anlagen zugrunde zu legen. Wird die Leistung aus Zeichnungen ermittelt, dürfen Stück- und Belegungslisten, aktualisierte Funktionslisten und Systemprotokolle hinzugezogen werden.

Grundlage der Ermittlung der Leistung sind die Maße der Anlagenteile. Bei der Massenermittlung aus Zeichnungen oder nach Aufmaß dürfen Stück- und Belegungslisten herangezogen werden, da diese Einzelheiten enthalten, die in den Zeichnungen ggf. so nicht vorhanden sind oder eine vereinfachte Massenermittlung für den Auftragnehmer und eine vereinfachte Prüfung dieser Massenermittlung durch den Auftraggeber möglich machen. Es ist sinnvoll, eventuell errechneten Massen in kg, m, m² etc. auf zwei Stellen hinter dem Komma zu runden.

5.2   Ermittlung der Maße/Mengen

Im Abschnitt 5.2 der ATV DIN 18386 werden Hinweise zur Ermittlung der Maße bzw. Mengen gegeben.

5.2.1   Kabel, Leitungen, Drähte, Rohre sowie Bauteile von Verlegesystemen werden nach der tatsächlich verlegten Länge gerechnet.

Analog zur ATV DIN 18382 „Nieder- und Mittelspannungsanlagen mit Nennspannungen bis 36 kV" erfolgt die Abrechnung von Kabeln, Leitungen, Drähten, Rohren sowie Bauteilen von Verlegesystemen nach tatsächlich verlegter Länge. Unvermeidbarer Verschnitt ist durch den Bieter bzw. Auftragnehmer bei der Kalkulation in den Einzelpreisen zu berücksichtigen.

5.2.2   Funktionen einschließlich Software werden nach Stück gerechnet, entsprechend den Funktionslisten nach DIN EN ISO 16484-3 und VDI 3813 Blatt 2.

Alle Funktionen der Gebäudeautomation (gemäß Funktionslisten nach DIN EN ISO 16484-3 und VDI 3813 Blatt 2) sind **einzeln** mit je einer Ordnungszahl (Position) in Stück in der Leistungsbeschreibung auszuschreiben, vom Bieter anzubieten und vom Auftragnehmer abzurechnen.

5.3   Übermessungsregeln
Keine Regelungen.

5.4   Einzelregelungen
Keine Regelungen.

Die ATV DIN 18386 enthält keine Anforderungen und Angaben zu Übermessungsregeln (Abschnitt 5.3 ATV DIN 18386) und zu Einzelregelungen (Abschnitt 5.4 ATV DIN 18386).

September 2016

	DIN 18299	DIN

ICS 91.010.20

Ersatz für
DIN 18299:2012-09

VOB Vergabe- und Vertragsordnung für Bauleistungen –
Teil C: Allgemeine Technische Vertragsbedingungen für
Bauleistungen (ATV) –
Allgemeine Regelungen für Bauarbeiten jeder Art

German construction contract procedures (VOB) –
Part C: General technical specifications in construction contracts (ATV) –
General rules applying to all types of construction work

Cahier des charges allemand pour des travaux de bâtiment (VOB) –
Partie C: Clauses techniques générales pour l'exécution des travaux de bâtiment (ATV) –
Règles générales pour toute sorte des travaux

Gesamtumfang 16 Seiten

DIN-Normenausschuss Bauwesen (NABau)

DIN 18299:2016-09

Vorwort

Dieses Dokument wurde vom Deutschen Vergabe- und Vertragsausschuss für Bauleistungen (DVA) aufgestellt.

Änderungen

Gegenüber DIN 18299:2012-09 wurden folgende Änderungen vorgenommen:

a) das Dokument wurde redaktionell überarbeitet;

b) die Verweisungen auf VOB/A wurden aktualisiert, d.h. die Verweisung auf „§ 7" in Abschnitt 0 wurden geändert in „§§ 7 ff., §§ 7 EU ff. beziehungsweise §§ 7 VS ff. VOB/A";

c) unter den „Normativen Verweisungen" wurde die neuen ATV DIN 18324 „Horizontalspülbohrarbeiten" und ATV DIN 18329 „Verkehrssicherungsarbeiten" aufgenommen; ATV DIN 18367 „Holzpflasterarbeiten" wurde gelöscht, da diese ATV in der ATV DIN 18356 jetzt mit neuem Titel „Parkett- und Holzpflasterarbeiten" aufgegangen ist; der Titel der ATV DIN 18385 hat sich geändert in „Aufzugsanlagen, Fahrtreppen und Fahrsteige sowie Förderanlagen".

Frühere Ausgaben

DIN 18299: 1988-09, 1992-12, 1996-06, 2000-12, 2002-12, 2006-10, 2010-04, 2012-09

Normative Verweisungen

Die folgenden Dokumente, die in diesem Dokument teilweise oder als Ganzes zitiert werden, sind für die Anwendung dieses Dokuments erforderlich. Bei datierten Verweisungen gilt nur die in Bezug genommene Ausgabe. Bei undatierten Verweisungen gilt die letzte Ausgabe des in Bezug genommenen Dokuments (einschließlich aller Änderungen).

DIN 1960, *VOB Vergabe- und Vertragsordnung für Bauleistungen — Teil A: Allgemeine Bestimmungen für die Vergabe von Bauleistungen*

DIN 1961, *VOB Vergabe- und Vertragsordnung für Bauleistungen — Teil B: Allgemeine Vertragsbedingungen für die Ausführung von Bauleistungen*

DIN 18300, *VOB Vergabe- und Vertragsordnung für Bauleistungen — Teil C: Allgemeine Technische Vertragsbedingungen für Bauleistungen (ATV) — Erdarbeiten*

DIN 18301, *VOB Vergabe- und Vertragsordnung für Bauleistungen — Teil C: Allgemeine Technische Vertragsbedingungen für Bauleistungen (ATV) — Bohrarbeiten*

DIN 18302, *VOB Vergabe- und Vertragsordnung für Bauleistungen — Teil C: Allgemeine Technische Vertragsbedingungen für Bauleistungen (ATV) — Arbeiten zum Ausbau von Bohrungen*

DIN 18303, *VOB Vergabe- und Vertragsordnung für Bauleistungen — Teil C: Allgemeine Technische Vertragsbedingungen für Bauleistungen (ATV) — Verbauarbeiten*

DIN 18304, *VOB Vergabe- und Vertragsordnung für Bauleistungen — Teil C: Allgemeine Technische Vertragsbedingungen für Bauleistungen (ATV) — Ramm-, Rüttel- und Pressarbeiten*

2

DIN 18299:2016-09

DIN 18305, *VOB Vergabe- und Vertragsordnung für Bauleistungen — Teil C: Allgemeine Technische Vertragsbedingungen für Bauleistungen (ATV) — Wasserhaltungsarbeiten*

DIN 18306, *VOB Vergabe- und Vertragsordnung für Bauleistungen — Teil C: Allgemeine Technische Vertragsbedingungen für Bauleistungen (ATV) — Entwässerungskanalarbeiten*

DIN 18307, *VOB Vergabe- und Vertragsordnung für Bauleistungen — Teil C: Allgemeine Technische Vertragsbedingungen für Bauleistungen (ATV) — Druckrohrleitungsarbeiten außerhalb von Gebäuden*

DIN 18308, *VOB Vergabe- und Vertragsordnung für Bauleistungen — Teil C: Allgemeine Technische Vertragsbedingungen für Bauleistungen (ATV) — Drän- und Versickerarbeiten*

DIN 18309, *VOB Vergabe- und Vertragsordnung für Bauleistungen — Teil C: Allgemeine Technische Vertragsbedingungen für Bauleistungen (ATV) — Einpressarbeiten*

DIN 18311, *VOB Vergabe- und Vertragsordnung für Bauleistungen — Teil C: Allgemeine Technische Vertragsbedingungen für Bauleistungen (ATV) — Nassbaggerarbeiten*

DIN 18312, *VOB Vergabe- und Vertragsordnung für Bauleistungen — Teil C: Allgemeine Technische Vertragsbedingungen für Bauleistungen (ATV) — Untertagebauarbeiten*

DIN 18313, *VOB Vergabe- und Vertragsordnung für Bauleistungen — Teil C: Allgemeine Technische Vertragsbedingungen für Bauleistungen (ATV) — Schlitzwandarbeiten mit stützenden Flüssigkeiten*

DIN 18314, *VOB Vergabe- und Vertragsordnung für Bauleistungen — Teil C: Allgemeine Technische Vertragsbedingungen für Bauleistungen (ATV) — Spritzbetonarbeiten*

DIN 18315, *VOB Vergabe- und Vertragsordnung für Bauleistungen — Teil C: Allgemeine Technische Vertragsbedingungen für Bauleistungen (ATV) — Verkehrswegebauarbeiten — Oberbauschichten ohne Bindemittel*

DIN 18316, *VOB Vergabe- und Vertragsordnung für Bauleistungen — Teil C: Allgemeine Technische Vertragsbedingungen für Bauleistungen (ATV) — Verkehrswegebauarbeiten — Oberbauschichten mit hydraulischen Bindemitteln*

DIN 18317, *VOB Vergabe- und Vertragsordnung für Bauleistungen — Teil C: Allgemeine Technische Vertragsbedingungen für Bauleistungen (ATV) — Verkehrswegebauarbeiten — Oberbauschichten aus Asphalt*

DIN 18318, *VOB Vergabe- und Vertragsordnung für Bauleistungen — Teil C: Allgemeine Technische Vertragsbedingungen für Bauleistungen (ATV) — Verkehrswegebauarbeiten — Pflasterdecken und Plattenbeläge in ungebundener Ausführung, Einfassungen*

DIN 18319, *VOB Vergabe- und Vertragsordnung für Bauleistungen — Teil C: Allgemeine Technische Vertragsbedingungen für Bauleistungen (ATV) — Rohrvortriebsarbeiten*

DIN 18320, *VOB Vergabe- und Vertragsordnung für Bauleistungen — Teil C: Allgemeine Technische Vertragsbedingungen für Bauleistungen (ATV) — Landschaftsbauarbeiten*

DIN 18321, *VOB Vergabe- und Vertragsordnung für Bauleistungen — Teil C: Allgemeine Technische Vertragsbedingungen für Bauleistungen (ATV) — Düsenstrahlarbeiten*

DIN 18322, *VOB Vergabe- und Vertragsordnung für Bauleistungen — Teil C: Allgemeine Technische Vertragsbedingungen für Bauleistungen (ATV) — Kabelleitungstiefbauarbeiten*

DIN 18323, *VOB Vergabe- und Vertragsordnung für Bauleistungen — Teil C: Allgemeine Technische Vertragsbedingungen für Bauleistungen (ATV) — Kampfmittelräumarbeiten*

3

DIN 18299:2016-09

DIN 18324, *VOB Vergabe- und Vertragsordnung für Bauleistungen — Teil C: Allgemeine Technische Vertragsbedingungen für Bauleistungen (ATV) — Horizontalspülbohrarbeiten*

DIN 18325, *VOB Vergabe- und Vertragsordnung für Bauleistungen — Teil C: Allgemeine Technische Vertragsbedingungen für Bauleistungen (ATV) — Gleisbauarbeiten*

DIN 18326, *VOB Vergabe- und Vertragsordnung für Bauleistungen — Teil C: Allgemeine Technische Vertragsbedingungen für Bauleistungen (ATV) — Renovierungsarbeiten an Entwässerungskanälen*

DIN 18329, *VOB Vergabe- und Vertragsordnung für Bauleistungen — Teil C: Allgemeine Technische Vertragsbedingungen für Bauleistungen (ATV) - Verkehrssicherungsarbeiten*

DIN 18330, *VOB Vergabe- und Vertragsordnung für Bauleistungen — Teil C: Allgemeine Technische Vertragsbedingungen für Bauleistungen (ATV) — Mauerarbeiten*

DIN 18331, *VOB Vergabe- und Vertragsordnung für Bauleistungen — Teil C: Allgemeine Technische Vertragsbedingungen für Bauleistungen (ATV) — Betonarbeiten*

DIN 18332, *VOB Vergabe- und Vertragsordnung für Bauleistungen — Teil C: Allgemeine Technische Vertragsbedingungen für Bauleistungen (ATV) — Naturwerksteinarbeiten*

DIN 18333, *VOB Vergabe- und Vertragsordnung für Bauleistungen — Teil C: Allgemeine Technische Vertragsbedingungen für Bauleistungen (ATV) — Betonwerksteinarbeiten*

DIN 18334, *VOB Vergabe- und Vertragsordnung für Bauleistungen — Teil C: Allgemeine Technische Vertragsbedingungen für Bauleistungen (ATV) — Zimmer- und Holzbauarbeiten*

DIN 18335, *VOB Vergabe- und Vertragsordnung für Bauleistungen — Teil C: Allgemeine Technische Vertragsbedingungen für Bauleistungen (ATV) — Stahlbauarbeiten*

DIN 18336, *VOB Vergabe- und Vertragsordnung für Bauleistungen — Teil C: Allgemeine Technische Vertragsbedingungen für Bauleistungen (ATV) — Abdichtungsarbeiten*

DIN 18338, *VOB Vergabe- und Vertragsordnung für Bauleistungen — Teil C: Allgemeine Technische Vertragsbedingungen für Bauleistungen (ATV) — Dachdeckungs- und Dachabdichtungsarbeiten*

DIN 18339, *VOB Vergabe- und Vertragsordnung für Bauleistungen — Teil C: Allgemeine Technische Vertragsbedingungen für Bauleistungen (ATV) — Klempnerarbeiten*

DIN 18340, *VOB Vergabe- und Vertragsordnung für Bauleistungen — Teil C: Allgemeine Technische Vertragsbedingungen für Bauleistungen (ATV) — Trockenbauarbeiten*

DIN 18345, *VOB Vergabe- und Vertragsordnung für Bauleistungen — Teil C: Allgemeine Technische Vertragsbedingungen für Bauleistungen (ATV) — Wärmedämm-Verbundsysteme*

DIN 18349, *VOB Vergabe- und Vertragsordnung für Bauleistungen — Teil C: Allgemeine Technische Vertragsbedingungen für Bauleistungen (ATV) — Betonerhaltungsarbeiten*

DIN 18350, *VOB Vergabe- und Vertragsordnung für Bauleistungen — Teil C: Allgemeine Technische Vertragsbedingungen für Bauleistungen (ATV) — Putz- und Stuckarbeiten*

DIN 18351, *VOB Vergabe- und Vertragsordnung für Bauleistungen — Teil C: Allgemeine Technische Vertragsbedingungen für Bauleistungen (ATV) — Vorgehängte Hinterlüftete Fassaden*

DIN 18352, *VOB Vergabe- und Vertragsordnung für Bauleistungen — Teil C: Allgemeine Technische Vertragsbedingungen für Bauleistungen (ATV) — Fliesen- und Plattenarbeiten*

4

DIN 18299:2016-09

DIN 18353, *VOB Vergabe- und Vertragsordnung für Bauleistungen — Teil C: Allgemeine Technische Vertragsbedingungen für Bauleistungen (ATV) — Estricharbeiten*

DIN 18354, *VOB Vergabe- und Vertragsordnung für Bauleistungen — Teil C: Allgemeine Technische Vertragsbedingungen für Bauleistungen (ATV) — Gussasphaltarbeiten*

DIN 18355, *VOB Vergabe- und Vertragsordnung für Bauleistungen — Teil C: Allgemeine Technische Vertragsbedingungen für Bauleistungen (ATV) — Tischlerarbeiten*

DIN 18356, *VOB Vergabe- und Vertragsordnung für Bauleistungen — Teil C: Allgemeine Technische Vertragsbedingungen für Bauleistungen (ATV) — Parkett- und Holzpflasterarbeiten*

DIN 18357, *VOB Vergabe- und Vertragsordnung für Bauleistungen — Teil C: Allgemeine Technische Vertragsbedingungen für Bauleistungen (ATV) — Beschlagarbeiten*

DIN 18358, *VOB Vergabe- und Vertragsordnung für Bauleistungen — Teil C: Allgemeine Technische Vertragsbedingungen für Bauleistungen (ATV) — Rollladenarbeiten*

DIN 18360, *VOB Vergabe- und Vertragsordnung für Bauleistungen — Teil C: Allgemeine Technische Vertragsbedingungen für Bauleistungen (ATV) — Metallbauarbeiten*

DIN 18361, *VOB Vergabe- und Vertragsordnung für Bauleistungen — Teil C: Allgemeine Technische Vertragsbedingungen für Bauleistungen (ATV) — Verglasungsarbeiten*

DIN 18363, *VOB Vergabe- und Vertragsordnung für Bauleistungen — Teil C: Allgemeine Technische Vertragsbedingungen für Bauleistungen (ATV) — Maler- und Lackiererarbeiten — Beschichtungen*

DIN 18364, *VOB Vergabe- und Vertragsordnung für Bauleistungen — Teil C: Allgemeine Technische Vertragsbedingungen für Bauleistungen (ATV) — Korrosionsschutzarbeiten an Stahlbauten*

DIN 18365, *VOB Vergabe- und Vertragsordnung für Bauleistungen — Teil C: Allgemeine Technische Vertragsbedingungen für Bauleistungen (ATV) — Bodenbelagarbeiten*

DIN 18366, *VOB Vergabe- und Vertragsordnung für Bauleistungen — Teil C: Allgemeine Technische Vertragsbedingungen für Bauleistungen (ATV) — Tapezierarbeiten*

DIN 18379, *VOB Vergabe- und Vertragsordnung für Bauleistungen — Teil C: Allgemeine Technische Vertragsbedingungen für Bauleistungen (ATV) — Raumlufttechnische Anlagen*

DIN 18380, *VOB Vergabe- und Vertragsordnung für Bauleistungen — Teil C: Allgemeine Technische Vertragsbedingungen für Bauleistungen (ATV) — Heizanlagen und zentrale Wassererwärmungsanlagen*

DIN 18381, *VOB Vergabe- und Vertragsordnung für Bauleistungen — Teil C: Allgemeine Technische Vertragsbedingungen für Bauleistungen (ATV) — Gas-, Wasser- und Entwässerungsanlagen innerhalb von Gebäuden*

DIN 18382, *VOB Vergabe- und Vertragsordnung für Bauleistungen — Teil C: Allgemeine Technische Vertragsbedingungen für Bauleistungen (ATV) — Nieder- und Mittelspannungsanlagen mit Nennspannungen bis 36 kV*

DIN 18384, *VOB Vergabe- und Vertragsordnung für Bauleistungen — Teil C: Allgemeine Technische Vertragsbedingungen für Bauleistungen (ATV) — Blitzschutzanlagen*

DIN 18385, *VOB Vergabe- und Vertragsordnung für Bauleistungen — Teil C: Allgemeine Technische Vertragsbedingungen für Bauleistungen (ATV) — Aufzugsanlagen, Fahrtreppen und Fahrsteige sowie Förderanlagen*

5

DIN 18299:2016-09

DIN 18386, *VOB Vergabe- und Vertragsordnung für Bauleistungen — Teil C: Allgemeine Technische Vertragsbedingungen für Bauleistungen (ATV) — Gebäudeautomation*

DIN 18421, *VOB Vergabe- und Vertragsordnung für Bauleistungen — Teil C: Allgemeine Technische Vertragsbedingungen für Bauleistungen (ATV) — Dämm- und Brandschutzarbeiten an technischen Anlagen*

DIN 18451, *VOB Vergabe- und Vertragsordnung für Bauleistungen — Teil C: Allgemeine Technische Vertragsbedingungen für Bauleistungen (ATV) — Gerüstarbeiten*

DIN 18459, *VOB Vergabe- und Vertragsordnung für Bauleistungen — Teil C: Allgemeine Technische Vertragsbedingungen für Bauleistungen (ATV) — Abbruch- und Rückbauarbeiten*

6

DIN 18299:2016-09

Inhalt

0   Hinweise für das Aufstellen der Leistungsbeschreibung

Diese Hinweise für das Aufstellen der Leistungsbeschreibung gelten für Bauarbeiten jeder Art; sie werden ergänzt durch die auf die einzelnen Leistungsbereiche bezogenen Hinweise in den ATV DIN 18300 bis ATV DIN 18459, Abschnitt 0, sowie den Anhang Begriffsbestimmungen. Die Beachtung dieser Hinweise und des Anhangs ist Voraussetzung für eine ordnungsgemäße Leistungsbeschreibung gemäß §§ 7 ff., §§ 7 EU ff. beziehungsweise §§ 7 VS ff. VOB/A.

In die Vorbemerkungen zum Leistungsverzeichnis ist aufzunehmen:

„Soweit in der Leistungsbeschreibung auf Technische Spezifikationen, z.B. nationale Normen, mit denen Europäische Normen umgesetzt werden, europäische technische Zulassungen, gemeinsame technische Spezifikationen, Internationale Normen, Bezug genommen wird, werden auch ohne den ausdrücklichen Zusatz: „oder gleichwertig" immer gleichwertige Technische Spezifikationen in Bezug genommen."

Die Hinweise werden nicht Vertragsbestandteil.

In der Leistungsbeschreibung sind nach den Erfordernissen des Einzelfalls insbesondere anzugeben:

7

DIN 18299:2016-09

0.1   Angaben zur Baustelle

0.1.1   Lage der Baustelle, Umgebungsbedingungen, Zufahrtsmöglichkeiten und Beschaffenheit der Zufahrt sowie etwaige Einschränkungen bei ihrer Benutzung.

0.1.2   Besondere Belastungen aus Immissionen sowie besondere klimatische oder betriebliche Bedingungen.

0.1.3   Art und Lage der baulichen Anlagen, z. B. auch Anzahl und Höhe der Geschosse.

0.1.4   Verkehrsverhältnisse auf der Baustelle, insbesondere Verkehrsbeschränkungen.

0.1.5   Für den Verkehr freizuhaltende Flächen.

0.1.6   Art, Lage, Maße und Nutzbarkeit von Transporteinrichtungen und Transportwegen, z. B. Montageöffnungen.

0.1.7   Lage, Art, Anschlusswert und Bedingungen für das Überlassen von Anschlüssen für Wasser, Energie und Abwasser.

0.1.8   Lage und Ausmaß der dem Auftragnehmer für die Ausführung seiner Leistungen zur Benutzung oder Mitbenutzung überlassenen Flächen und Räume.

0.1.9   Bodenverhältnisse, Baugrund und seine Tragfähigkeit. Ergebnisse von Bodenuntersuchungen.

0.1.10   Hydrologische Werte von Grundwasser und Gewässern. Art, Lage, Abfluss, Abflussvermögen und Hochwasserverhältnisse von Vorflutern. Ergebnisse von Wasseranalysen.

0.1.11   Besondere umweltrechtliche Vorschriften.

0.1.12   Besondere Vorgaben für die Entsorgung, z. B. Beschränkungen für die Beseitigung von Abwasser und Abfall.

0.1.13   Schutzgebiete oder Schutzzeiten im Bereich der Baustelle, z. B. wegen Forderungen des Gewässer-, Boden-, Natur-, Landschafts- oder Immissionsschutzes; vorliegende Fachgutachten oder dergleichen.

0.1.14   Art und Umfang des Schutzes von Bäumen, Pflanzenbeständen, Vegetationsflächen, Verkehrsflächen, Bauteilen, Bauwerken, Grenzsteinen und dergleichen im Bereich der Baustelle.

0.1.15   Im Bereich der Baustelle vorhandene Anlagen, insbesondere Abwasser- und Versorgungsleitungen.

0.1.16   Bekannte oder vermutete Hindernisse im Bereich der Baustelle, z. B. Leitungen, Kabel, Dräne, Kanäle, Bauwerksreste und, soweit bekannt, deren Eigentümer.

0.1.17   Bestätigung, dass die im jeweiligen Bundesland geltenden Anforderungen zu Erkundungs- und gegebenenfalls Räumungsmaßnahmen hinsichtlich Kampfmitteln erfüllt wurden.

0.1.18   Gegebenenfalls gemäß der Baustellenverordnung getroffene Maßnahmen.

8

DIN 18299:2016-09

0.1.19 Besondere Anordnungen, Vorschriften und Maßnahmen der Eigentümer (oder der anderen Weisungsberechtigten) von Leitungen, Kabeln, Dränen, Kanälen, Straßen, Wegen, Gewässern, Gleisen, Zäunen und dergleichen im Bereich der Baustelle.

0.1.20 Art und Umfang von Schadstoffbelastungen, z. B. des Bodens, der Gewässer, der Luft, der Stoffe und Bauteile; vorliegende Fachgutachten oder dergleichen.

0.1.21 Art und Zeit der vom Auftraggeber veranlassten Vorarbeiten.

0.1.22 Arbeiten anderer Unternehmer auf der Baustelle.

0.2 Angaben zur Ausführung

0.2.1 Vorgesehene Arbeitsabschnitte, Arbeitsunterbrechungen und Arbeitsbeschränkungen nach Art, Ort und Zeit sowie Abhängigkeit von Leistungen anderer.

0.2.2 Besondere Erschwernisse während der Ausführung, z. B. Arbeiten in Räumen, in denen der Betrieb weiterläuft, Arbeiten im Bereich von Verkehrswegen oder bei außergewöhnlichen äußeren Einflüssen.

0.2.3 Besondere Anforderungen für Arbeiten in kontaminierten Bereichen, gegebenenfalls besondere Anordnungen für Schutz- und Sicherheitsmaßnahmen.

0.2.4 Besondere Anforderungen an die Baustelleneinrichtung und Entsorgungseinrichtungen, z. B. Behälter für die getrennte Erfassung.

0.2.5 Besonderheiten der Regelung und Sicherung des Verkehrs, gegebenenfalls auch, wieweit der Auftraggeber die Durchführung der erforderlichen Maßnahmen übernimmt.

0.2.6 Besondere Anforderungen an das Auf- und Abbauen sowie Vorhalten von Gerüsten.

0.2.7 Mitbenutzung fremder Gerüste, Hebezeuge, Aufzüge, Aufenthalts- und Lagerräume, Einrichtungen und dergleichen durch den Auftragnehmer.

0.2.8 Wie lange, für welche Arbeiten und gegebenenfalls für welche Beanspruchung der Auftragnehmer Gerüste, Hebezeuge, Aufzüge, Aufenthalts- und Lagerräume, Einrichtungen und dergleichen für andere Unternehmer vorzuhalten hat.

0.2.9 Verwendung oder Mitverwendung von wiederaufbereiteten (Recycling-)Stoffen.

0.2.10 Anforderungen an wiederaufbereitete (Recycling-)Stoffe und an nicht genormte Stoffe und Bauteile.

0.2.11 Besondere Anforderungen an Art, Güte und Umweltverträglichkeit der Stoffe und Bauteile, auch z. B. an die schnelle biologische Abbaubarkeit von Hilfsstoffen.

0.2.12 Art und Umfang der vom Auftraggeber verlangten Eignungs- und Gütenachweise.

0.2.13 Unter welchen Bedingungen auf der Baustelle gewonnene Stoffe verwendet werden dürfen oder müssen oder einer anderen Verwertung zuzuführen sind.

9

DIN 18299:2016-09

0.2.14 Art, Zusammensetzung und Menge der aus dem Bereich des Auftraggebers zu entsorgenden Böden, Stoffe und Bauteile; Art der Verwertung oder bei Abfall die Entsorgungsanlage; Anforderungen an die Nachweise über Transporte, Entsorgung und die vom Auftraggeber zu tragenden Entsorgungskosten.

0.2.15 Art, Anzahl, Menge oder Masse der Stoffe und Bauteile, die vom Auftraggeber beigestellt werden, sowie Art, genaue Bezeichnung des Ortes und Zeit ihrer Übergabe.

0.2.16 In welchem Umfang der Auftraggeber Abladen, Lagern und Transport von Stoffen und Bauteilen übernimmt oder dafür dem Auftragnehmer Geräte oder Arbeitskräfte zur Verfügung stellt.

0.2.17 Leistungen für andere Unternehmer.

0.2.18 Mitwirken beim Einstellen von Anlageteilen und bei der Inbetriebnahme von Anlagen im Zusammenwirken mit anderen Beteiligten, z. B. mit dem Auftragnehmer für die Gebäudeautomation.

0.2.19 Benutzung von Teilen der Leistung vor der Abnahme.

0.2.20 Übertragung der Wartung während der Dauer der Verjährungsfrist für die Mängelansprüche für maschinelle und elektrotechnische sowie elektronische Anlagen oder Teile davon, bei denen die Wartung Einfluss auf die Sicherheit und die Funktionsfähigkeit hat (vergleiche § 13 Absatz 4 Nummer 2 VOB/B), durch einen besonderen Wartungsvertrag.

0.2.21 Abrechnung nach bestimmten Zeichnungen oder Tabellen.

0.3 Einzelangaben bei Abweichungen von den ATV

0.3.1 Wenn andere als die in den ATV DIN 18299 bis ATV DIN 18459 vorgesehenen Regelungen getroffen werden sollen, sind diese in der Leistungsbeschreibung eindeutig und im Einzelnen anzugeben.

0.3.2 Abweichende Regelungen von der ATV DIN 18299 können insbesondere in Betracht kommen bei

Abschnitt 2.1.1,	*wenn die Lieferung von Stoffen und Bauteilen nicht zur Leistung gehören soll,*
Abschnitt 2.2,	*wenn nur ungebrauchte Stoffe und Bauteile vorgehalten werden dürfen,*
Abschnitt 2.3.1,	*wenn auch gebrauchte Stoffe und Bauteile geliefert werden dürfen.*

0.4 Einzelangaben zu Nebenleistungen und Besonderen Leistungen

0.4.1 Nebenleistungen

Nebenleistungen (Abschnitt 4.1 aller ATV) sind in der Leistungsbeschreibung nur zu erwähnen, wenn sie ausnahmsweise selbständig vergütet werden sollen. Eine ausdrückliche Erwähnung ist geboten, wenn die Kosten der Nebenleistung von erheblicher Bedeutung für die Preisbildung sind; in diesen Fällen sind besondere Ordnungszahlen (Positionen) vorzusehen.

Dies kommt insbesondere für das Einrichten und Räumen der Baustelle in Betracht.

10

DIN 18299:2016-09

0.4.2 Besondere Leistungen

Werden Besondere Leistungen (Abschnitt 4.2 aller ATV) verlangt, ist dies in der Leistungsbeschreibung anzugeben; gegebenenfalls sind hierfür besondere Ordnungszahlen (Positionen) vorzusehen.

0.5 Abrechnungseinheiten

Im Leistungsverzeichnis sind die Abrechnungseinheiten für die Teilleistungen (Positionen) gemäß Abschnitt 0.5 der jeweiligen ATV anzugeben.

1 Geltungsbereich

Die ATV DIN 18299 „Allgemeine Regelungen für Bauarbeiten jeder Art" gilt für alle Bauarbeiten, auch für solche, für die keine ATV in VOB/C — ATV DIN 18300 bis ATV DIN 18459 — bestehen.

Abweichende Regelungen in den ATV DIN 18300 bis ATV DIN 18459 haben Vorrang.

2 Stoffe, Bauteile

2.1 Allgemeines

2.1.1 Die Leistungen umfassen auch die Lieferung der dazugehörigen Stoffe und Bauteile einschließlich Abladen und Lagern auf der Baustelle.

2.1.2 Stoffe und Bauteile, die vom Auftraggeber beigestellt werden, hat der Auftragnehmer rechtzeitig beim Auftraggeber anzufordern.

2.1.3 Stoffe und Bauteile müssen für den jeweiligen Verwendungszweck geeignet und aufeinander abgestimmt sein.

2.2 Vorhalten

Stoffe und Bauteile, die der Auftragnehmer nur vorzuhalten hat, die also nicht in das Bauwerk eingehen, dürfen nach Wahl des Auftragnehmers gebraucht oder ungebraucht sein.

2.3 Liefern

2.3.1 Stoffe und Bauteile, die der Auftragnehmer zu liefern und einzubauen hat, die also in das Bauwerk eingehen, müssen ungebraucht sein. Wiederaufbereitete (Recycling-)Stoffe gelten als ungebraucht, wenn sie den Bedingungen gemäß Abschnitt 2.1.3 entsprechen.

2.3.2 Stoffe und Bauteile, für die DIN-Normen bestehen, müssen den DIN-Güte- und DIN-Maßbestimmungen entsprechen.

11

DIN 18299:2016-09

2.3.3 Stoffe und Bauteile, die nach den deutschen behördlichen Vorschriften einer Zulassung bedürfen, müssen amtlich zugelassen sein und den Bestimmungen ihrer Zulassung entsprechen.

2.3.4 Stoffe und Bauteile, für die bestimmte technische Spezifikationen in der Leistungsbeschreibung nicht genannt sind, dürfen auch verwendet werden, wenn sie Normen, technischen Vorschriften oder sonstigen Bestimmungen anderer Staaten entsprechen, sofern das geforderte Schutzniveau in Bezug auf Sicherheit, Gesundheit und Gebrauchstauglichkeit gleichermaßen dauerhaft erreicht wird.

Sofern für Stoffe und Bauteile eine Überwachungs- oder Prüfzeichenpflicht oder der Nachweis der Brauchbarkeit, z. B. durch allgemeine bauaufsichtliche Zulassung, allgemein vorgesehen ist, kann von einer Gleichwertigkeit nur ausgegangen werden, wenn die Stoffe und Bauteile ein Überwachungs- oder Prüfzeichen tragen oder für sie der genannte Brauchbarkeitsnachweis erbracht ist.

3 Ausführung

3.1 Wenn Verkehrs-, Versorgungs- und Entsorgungsanlagen im Bereich der Baustelle liegen, sind die Vorschriften und Anordnungen der zuständigen Stellen zu beachten. Kann die Lage dieser Anlagen nicht angegeben werden, ist sie zu erkunden. Leistungen zur Erkundung derartiger Anlagen sind Besondere Leistungen (siehe Abschnitt 4.2.1).

3.2 Die für die Aufrechterhaltung des Verkehrs bestimmten Flächen sind freizuhalten. Der Zugang zu Einrichtungen der Versorgungs- und Entsorgungsbetriebe, der Feuerwehr, der Post und Bahn, zu Vermessungspunkten und dergleichen darf nicht mehr als durch die Ausführung unvermeidlich behindert werden.

3.3 Werden Schadstoffe vorgefunden, z. B. in Böden, Gewässern, Stoffen oder Bauteilen, ist dies dem Auftraggeber unverzüglich mitzuteilen. Bei Gefahr im Verzug hat der Auftragnehmer die notwendigen Sicherungsmaßnahmen unverzüglich durchzuführen. Die weiteren Maßnahmen sind gemeinsam festzulegen. Die erbrachten und die weiteren Leistungen sind Besondere Leistungen (siehe Abschnitt 4.2.1).

4 Nebenleistungen, Besondere Leistungen

4.1 Nebenleistungen

Nebenleistungen sind Leistungen, die auch ohne Erwähnung im Vertrag zur vertraglichen Leistung gehören (§ 2 Absatz 1 VOB/B).

12

DIN 18299:2016-09

Nebenleistungen sind demnach insbesondere:

4.1.1 Einrichten und Räumen der Baustelle einschließlich der Geräte und dergleichen.

4.1.2 Vorhalten der Baustelleneinrichtung einschließlich der Geräte und dergleichen.

4.1.3 Messungen für das Ausführen und Abrechnen der Arbeiten einschließlich des Vorhaltens der Messgeräte, Lehren, Absteckzeichen und dergleichen, des Erhaltens der Lehren und Absteckzeichen während der Bauausführung und des Stellens der Arbeitskräfte, jedoch nicht Leistungen nach § 3 Absatz 2 VOB/B.

4.1.4 Schutz- und Sicherheitsmaßnahmen nach den staatlichen und berufsgenossenschaftlichen Regelwerken zum Arbeitsschutz, ausgenommen Leistungen nach den Abschnitten 4.2.4 und 4.2.5.

4.1.5 Beleuchten, Beheizen und Reinigen der Aufenthalts- und Sanitärräume für die Beschäftigten des Auftragnehmers.

4.1.6 Heranbringen von Wasser und Energie von den vom Auftraggeber auf der Baustelle zur Verfügung gestellten Anschlussstellen zu den Verwendungsstellen.

4.1.7 Liefern der Betriebsstoffe.

4.1.8 Vorhalten der Kleingeräte und Werkzeuge.

4.1.9 Befördern aller Stoffe und Bauteile, auch wenn sie vom Auftraggeber beigestellt sind, von den Lagerstellen auf der Baustelle oder von den in der Leistungsbeschreibung angegebenen Übergabestellen zu den Verwendungsstellen und etwaiges Rückbefördern.

4.1.10 Sichern der Arbeiten gegen Niederschlagswasser, mit dem normalerweise gerechnet werden muss, und seine etwa erforderliche Beseitigung.

4.1.11 Entsorgen von Abfall aus dem Bereich des Auftragnehmers sowie Beseitigen der Verunreinigungen, die von den Arbeiten des Auftragnehmers herrühren.

4.1.12 Entsorgen von Abfall aus dem Bereich des Auftraggebers bis zu einer Menge von 1 m^3, soweit der Abfall nicht schadstoffbelastet ist.

4.2 Besondere Leistungen

Besondere Leistungen sind Leistungen, die nicht Nebenleistungen nach Abschnitt 4.1 sind und nur dann zur vertraglichen Leistung gehören, wenn sie in der Leistungsbeschreibung besonders erwähnt sind. Besondere Leistungen sind z. B.:

13

101

DIN 18299:2016-09

4.2.1 Leistungen nach den Abschnitten 3.1 und 3.3.

4.2.2 Beaufsichtigen der Leistungen anderer Unternehmer.

4.2.3 Erfüllen von Aufgaben des Auftraggebers (Bauherrn) hinsichtlich der Planung der Ausführung des Bauvorhabens oder der Koordinierung gemäß Baustellenverordnung.

4.2.4 Leistungen zur Unfallverhütung und zum Gesundheitsschutz für Mitarbeiter anderer Unternehmen.

4.2.5 Besondere Schutz- und Sicherheitsmaßnahmen bei Arbeiten in kontaminierten Bereichen, z. B. messtechnische Überwachung, spezifische Zusatzgeräte für Baumaschinen und Anlagen, abgeschottete Arbeitsbereiche.

4.2.6 Leistungen für besondere Schutzmaßnahmen gegen Witterungsschäden, Hochwasser und Grundwasser, ausgenommen Leistungen nach Abschnitt 4.1.10.

4.2.7 Versicherung der Leistung bis zur Abnahme zugunsten des Auftraggebers oder Versicherung eines außergewöhnlichen Haftpflichtwagnisses.

4.2.8 Besondere Prüfung von Stoffen und Bauteilen, die der Auftraggeber liefert.

4.2.9 Aufstellen, Vorhalten, Betreiben und Beseitigen von Einrichtungen zur Sicherung und Aufrechterhaltung des Verkehrs auf der Baustelle, z. B. Bauzäune, Schutzgerüste, Hilfsbauwerke, Beleuchtungen, Leiteinrichtungen.

4.2.10 Aufstellen, Vorhalten, Betreiben und Beseitigen von Einrichtungen außerhalb der Baustelle zur Umleitung, Regelung und Sicherung des öffentlichen und Anliegerverkehrs sowie das Einholen der hierfür erforderlichen verkehrsrechtlichen Genehmigungen und Anordnungen nach der StVO.

4.2.11 Bereitstellen von Teilen der Baustelleneinrichtung für andere Unternehmer oder den Auftraggeber.

4.2.12 Leistungen für besondere Maßnahmen aus Gründen des Umweltschutzes sowie der Landes- und Denkmalpflege.

4.2.13 Entsorgen von Abfall über die Leistungen nach den Abschnitten 4.1.11 und 4.1.12 hinaus.

4.2.14 Schutz der Leistung, wenn der Auftraggeber eine vorzeitige Benutzung verlangt.

4.2.15 Beseitigen von Hindernissen.

4.2.16 Zusätzliche Leistungen für die Weiterarbeit bei Frost und Schnee, soweit sie dem Auftragnehmer nicht ohnehin obliegen.

14

4.2.17   Leistungen für besondere Maßnahmen zum Schutz und zur Sicherung gefährdeter baulicher Anlagen und benachbarter Grundstücke.

4.2.18   Sichern von Leitungen, Kabeln, Dränen, Kanälen, Grenzsteinen, Bäumen, Pflanzen und dergleichen.

5 Abrechnung

Die Leistung ist aus Zeichnungen zu ermitteln, soweit die ausgeführte Leistung diesen Zeichnungen entspricht. Sind solche Zeichnungen nicht vorhanden, ist die Leistung aufzumessen.

15

DIN 18299:2016-09

Anhang A
Begriffsbestimmungen zu den Allgemeinen
Technischen Vertragsbedingungen für Bauleistungen

— **Aussparungen** sind bei Bauteilen Querschnittsschwächungen, deren Tiefe kleiner oder gleich der Bauteiltiefe sein kann. Aussparungen sind bei Flächen nicht zu behandelnde bzw. nicht herzustellende Teile. Aussparungen entstehen, z. B. durch Öffnungen (auch raumhoch), Durchbrüche, Durchdringungen, Nischen, Schlitze, Hohlräume, Leitungen, Kanäle.

— **Unterbrechungen** sind bei der Ermittlung der Längenmaße trennende, nicht zu behandelnde bzw. nicht herzustellende Abschnitte. Unterbrechungen durch Bauteile sind bei der Ermittlung der Flächenmaße trennende, nicht zu behandelnde bzw. nicht herzustellende Teilflächen geringer Breite, z. B. Fachwerkteile, Vorlagen, Lisenen, Gesimse, Entwässerungsrinnen, Einbauten.

— **Anarbeiten**: Heranführen an begrenzende Bauteile ohne Anpassen oder Anschließen.

— **Anpassen**: Heranführen an begrenzende Bauteile durch Bearbeiten des heranzuführenden Baustoffes, so dass dieser der Geometrie des begrenzenden Bauteils folgt.

— **Anschließen**: Heranführen an begrenzende Bauteile und Sicherstellen einer definierten technischen Funktion, z. B. Winddichtheit, Wasserdichtheit, Kraftschluss.

— **Das kleinste umschriebene Rechteck**: Das kleinste umschriebene Rechteck ergibt sich aus dem kleinsten Rechteck, das eine Fläche beliebiger Form umschließt.

16

September 2016

| DIN 18386 | **DIN** |

ICS 91.010.20; 97.120

Ersatz für
DIN 18386:2015-08

VOB Vergabe- und Vertragsordnung für Bauleistungen – Teil C: Allgemeine Technische Vertragsbedingungen für Bauleistungen (ATV) – Gebäudeautomation

German construction contract procedures (VOB) –
Part C: General technical specifications in construction contracts (ATV) –
Building automation and control systems

Cahier des charges allemand pour des travaux de bâtiment (VOB) –
Partie C: Clauses techniques générales pour l'exécution des travaux de bâtiment (ATV) –
Installations d'automation dans le bâtiment

Gesamtumfang 13 Seiten

DIN-Normenausschuss Bauwesen (NABau)

DIN 18386:2016-09

Vorwort

Dieses Dokument wurde vom Deutschen Vergabe- und Vertragsausschuss für Bauleistungen (DVA) aufgestellt.

Änderungen

Gegenüber DIN 18386:2015-08 wurden folgende Änderungen vorgenommen:

a)   das Dokument wurde redaktionell überarbeitet;

b)   die Verweisungen auf VOB/A wurden aktualisiert;

c)   die Normenverweisungen wurden aktualisiert — Stand 2016-04.

Frühere Ausgaben

DIN 18386: 1996-06, 2000-12, 2002-12, 2006-10, 2010-04, 2012-09, 2015-08

Normative Verweisungen

Die folgenden Dokumente, die in diesem Dokument teilweise oder als Ganzes zitiert werden, sind für die Anwendung dieses Dokuments erforderlich. Bei datierten Verweisungen gilt nur die in Bezug genommene Ausgabe. Bei undatierten Verweisungen gilt die letzte Ausgabe des in Bezug genommenen Dokuments (einschließlich aller Änderungen).

DIN 1960, *VOB Vergabe- und Vertragsordnung für Bauleistungen — Teil A: Allgemeine Bestimmungen für die Vergabe von Bauleistungen*

DIN 1961, *VOB Vergabe- und Vertragsordnung für Bauleistungen — Teil B: Allgemeine Vertragsbedingungen für die Ausführung von Bauleistungen*

DIN 18299, *VOB Vergabe- und Vertragsordnung für Bauleistungen — Teil C: Allgemeine Technische Vertragsbedingungen für Bauleistungen (ATV) — Allgemeine Regelungen für Bauarbeiten jeder Art*

DIN 18386, *VOB Vergabe- und Vertragsordnung für Bauleistungen — Teil C: Allgemeine Technische Vertragsbedingungen für Bauleistungen (ATV) — Gebäudeautomation*

DIN EN 60529 (VDE 0470-1), *Schutzarten durch Gehäuse (IP-Code)*

DIN EN 61082-1 (VDE 0040-1), *Dokumente der Elektrotechnik — Teil 1: Regeln*

DIN EN ISO 16484-1, *Systeme der Gebäudeautomation (GA) — Teil 1: Projektplanung und -ausführung*

DIN EN ISO 16484-2, *Systeme der Gebäudeautomation (GA) — Teil 2: Hardware*

DIN EN ISO 16484-3, *Systeme der Gebäudeautomation (GA) — Teil 3: Funktionen*

VDI 3813 Blatt 2, *Gebäudeautomation (GA) — Raumautomationsfunktionen (RA-Funktionen)*[*)]

VDI 3814 Blatt 5, *Gebäudeautomation (GA) — Hinweise zur Systemintegration*[*)]

VDI 3814 Blatt 6, *Gebäudeautomation (GA) — Grafische Darstellung von Steuerungsaufgaben*[*)]

[*)]   Autor: VDI – Gesellschaft Bauen und Gebäudetechnik, VDI-Platz 1, 40468 Düsseldorf, www.vdi.de. Zu beziehen durch: Beuth Verlag GmbH, 10772 Berlin, www.beuth.de.

2

DIN 18386:2016-09

Inhalt

0   Hinweise für das Aufstellen der Leistungsbeschreibung

Diese Hinweise ergänzen die ATV DIN 18299 „Allgemeine Regelungen für Bauarbeiten jeder Art", Abschnitt 0. Die Beachtung dieser Hinweise ist Voraussetzung für eine ord-nungsgemäße Leistungsbeschreibung gemäß §§ 7 ff., §§ 7 EU ff. beziehungsweise §§ 7 VS ff. VOB/A.

Die Hinweise werden nicht Vertragsbestandteil.

In der Leistungsbeschreibung sind nach den Erfordernissen des Einzelfalls insbesondere anzugeben:

0.1   Angaben zur Baustelle

0.1.1   Art und Lage der technischen Anlagen der beteiligten Leistungsbereiche.

0.1.2   Art und Lage sowie Bedingungen für das Überlassen von Anschlüssen und Einrichtungen der Telekommunikation zur Datenfernübertragung.

0.1.3   Art, Lage, Maße und Ausbildung sowie Termine des Auf- und Abbaus von bauseitigen Gerüsten.

3

DIN 18386:2016-09

0.2 Angaben zur Ausführung

0.2.1 Anbindungen von Fremdsystemen.

0.2.2 Anzahl, Art und Maße von Mustern. Ort der Anbringung.

0.2.3 Anzahl, Art, Lage, Maße und Ausführung der Bauteile für die Management- und Bedieneinrichtung.

0.2.4 Anzahl, Art, Lage, Maße und Ausführung der Bauteile für die Automatisierungs- einrichtung und der Schalt- und Verteileranlagen.

0.2.5 Visualisierungs- und Bedienungskonzepte.

0.2.6 Anzahl, Art, Lage und Maße von Kabeln, Leitungen, Rohren und Bauteilen von Verlegesystemen sowie Art ihrer Verlegung.

0.2.7 Anforderungen an die elektromagnetische Verträglichkeit und den Überspannungs-, Explosions- und Geräteschutz.

0.2.8 Anforderungen aus dem Brandschutzkonzept, z. B. funktionale Verknüpfungen mit Entrauchungsanlagen.

0.2.9 Termine für die Lieferung der Angaben und Unterlagen nach Abschnitt 3.1.3 und 3.5 sowie für Beginn und Ende der vertraglichen Leistungen. Gegebenenfalls Lieferung und Umfang der vom Auftragnehmer aufzustellenden Terminpläne, z. B. Netzpläne.

0.2.10 Anzahl, Art, Lage und Maße von Provisorien, z. B. zum Betreiben der Anlage oder von Anlagenteilen vor der Abnahme.

0.2.11 Geforderte Zertifizierungen.

0.2.12 Art und Lage vorhandener Datennetze sowie Bedingungen für deren Nutzung.

0.2.13 Funktionsbeschreibung oder Fließschema nach VDI 3814 Blatt 6[1] „Gebäude- automation (GA) — Grafische Darstellung von Steuerungsaufgaben" und Gebäudeau- tomations-Funktionslisten sowie Raumautomations-Funktionslisten.

0.2.14 Anforderungen an die Energieeffizienz und das Energiemanagement.

0.2.15 Vorgaben, die aus Sachverständigengutachten resultieren.

0.2.16 Vorgaben für den Austausch von digitalisierten Daten und Dokumenten.

0.3 Einzelangaben bei Abweichungen von den ATV

0.3.1 Wenn andere als die in dieser ATV vorgesehenen Regelungen getroffen werden sollen, sind diese in der Leistungsbeschreibung eindeutig und im Einzelnen anzugeben.

---

[1] Autor: VDI – Gesellschaft Bauen und Gebäudetechnik, VDI-Platz 1, 40468 Düsseldorf, www.vdi.de. Zu beziehen durch: Beuth Verlag GmbH, 10772 Berlin, www.beuth.de.

4

DIN 18386:2016-09

0.3.2 *Abweichende Regelungen können insbesondere in Betracht kommen bei*

Abschnitt 3.5,   wenn die Übergabe der Unterlagen zu einem früheren Zeitpunkt erfolgen soll.

0.4   Einzelangaben zu Nebenleistungen und Besonderen Leistungen

Keine ergänzende Regelung zur ATV DIN 18299, Abschnitt 0.4.

0.5   Abrechnungseinheiten

Im Leistungsverzeichnis sind die Abrechnungseinheiten wie folgt vorzusehen:

0.5.1   *Längenmaß (m), getrennt nach Art, Maßen und Ausführung, für*

— *Kabel,*

— *Leitungen,*

— *Drähte,*

— *Rohre und Verlegesysteme.*

0.5.2   *Anzahl (St), getrennt nach Art und Leistungsmerkmalen, für*

0.5.2.1   *Systemkomponenten der Hardware wie*

— *Managementeinrichtungen und deren Peripheriegeräte,*

— *Kommunikationseinheiten, z. B. Modems und Datenschnittstelleneinheiten,*

— *Automationseinrichtungen und deren Bauteile,*

— *lokale Vorrangbedieneinrichtungen, z. B. Ein- und Ausgabeeinheiten,*

— *anwendungsspezifische Automationsgeräte, z. B. Einzelraumregler, Heizkesselregler,*

— *Bedien- und Programmiereinrichtungen,*

— *Sensoren, z. B. Fühler,*

— *Aktoren, z. B. Regelventile,*

— *Steuerungsbaugruppen, z. B. lokale Vorrangbedieneinrichtungen, Handbedie-nungen, Sicherheitsschaltungen, Koppelbausteine.*

0.5.2.2   *Bauteile wie*

— *Schaltschrankgehäuse einschließlich Zubehör,*

— *Sonderzubehör, z. B. Schaltschranklüftungen und Schaltschrankkühlungen,*

— *Schließsysteme,*

— *Funktions-, Bezeichnungs- und Hinweisschilder,*

— *Einspeisungen,*

— *Leistungsbaugruppen,*

— *Überstromschutzbaugruppen,*

— *Spannungsversorgungs-Baugruppen,*

— *bauseits beigestellter Einheiten, z. B. Frequenzumformer.*

5

DIN 18386:2016-09

0.5.2.3 Funktionen einschließlich Software und Dienstleistungen, getrennt nach Leistungsmerkmalen entsprechend DIN EN ISO 16484-3 „Systeme der Gebäudeautomation (GA) — Teil 3: Funktionen", für

— *Ein- und Ausgabefunktionen: Schalten, Stellen, Melden, Messen, Zählen,*

— *Verarbeitungsfunktionen: Überwachen, Steuern, Regeln, Rechnen, Optimieren,*

— *Managementfunktionen, z. B. Aufzeichnung, Archivierung und statistische Analyse,*

— *Visualisierungs- und Bedienungsfunktionen, z. B. Mensch-System-Kommunikation.*

0.5.2.4 Funktionen einschließlich Software und Dienstleistungen, getrennt nach Leistungsmerkmalen entsprechend VDI 3813 Blatt 2 „Gebäudeautomation (GA) — Raumautomationsfunktionen (RA-Funktionen) [1] *, für*

— *Sensor- und Aktorfunktionen,*

— *Bedien- und Anzeigefunktionen (lokal),*

— *Anwendungsfunktionen,*

— *Management- und Bedienfunktionen,*

— *gemeinsame, kommunikative Eingabe- und Ausgabefunktionen (zwischen Fremdsystemen).*

1 Geltungsbereich

1.1 Die ATV DIN 18386 „Gebäudeautomation" gilt für die Herstellung von Systemen zum Messen, Steuern, Regeln, Managen und Bedienen technischer Anlagen.

1.2 Die ATV DIN 18386 gilt nicht für funktional eigenständige Einrichtungen, z. B. Kältemaschinensteuerungen, Brennersteuerungen, Aufzugssteuerungen.

1.3 Ergänzend gilt die ATV DIN 18299 „Allgemeine Regelungen für Bauarbeiten jeder Art", Abschnitte 1 bis 5. Bei Widersprüchen gehen die Regelungen der ATV DIN 18386 vor.

2 Stoffe, Bauteile

Ergänzend zur ATV DIN 18299, Abschnitt 2, gilt:

Die gebräuchlichsten Stoffe und Bauteile sind in DIN EN 60529 (VDE 0470-1) „Schutzarten durch Gehäuse (IP-Code)" aufgeführt.

Schalt- oder Steuerschränke müssen mindestens der Schutzart IP 43 nach DIN EN 60529 (VDE 0470-1) entsprechen.

---

[1] Autor: VDI – Gesellschaft Bauen und Gebäudetechnik, VDI-Platz 1, 40468 Düsseldorf, www.vdi.de. Zu beziehen durch: Beuth Verlag GmbH, 10772 Berlin, www.beuth.de.

6

3 Ausführung

Ergänzend zur ATV DIN 18299, Abschnitt 3, gilt:

3.1 Allgemeines

3.1.1 Für die Herstellung von Systemen der Gebäudeautomation gelten:

DIN EN ISO 16484-1	Systeme der Gebäudeautomation (GA) — Teil 1: Projektplanung und -ausführung
DIN EN ISO 16484-2	Systeme der Gebäudeautomation (GA) — Teil 2: Hardware
DIN EN ISO 16484-3	Systeme der Gebäudeautomation (GA) — Teil 3: Funktionen
VDI 3813 Blatt 2[1]	Gebäudeautomation (GA) — Raumautomationsfunktionen (RA-Funktionen)
VDI 3814 Blatt 5[1]	Gebäudeautomation (GA) — Hinweise zur Systemintegration

3.1.2 Die Einrichtungen und Anlagen der Gebäudeautomation sind so aufeinander abzustimmen, dass die geforderten Funktionen erbracht werden, die Betriebssicherheit gegeben ist sowie ein effizienter Betrieb möglich ist.

3.1.3 Zu den für die Ausführung notwendigen, vom Auftraggeber zu übergebenden Unterlagen (siehe § 3 Abs. 1 VOB/B) gehören insbesondere:

— Funktionslisten nach DIN EN ISO 16484-3 und VDI 3813 Blatt 2[1] bei Anbindung von Fremdsystemen mit Angaben nach VDI 3814 Blatt 5[1],

— Anlagenschemata,

— Funktions-Fließschemata oder Beschreibungen,

— Zusammenstellung der Sollwerte, Grenzwerte und Betriebszeiten,

— Ausführungspläne,

— Daten zur Auslegung der Stellglieder und Stellantriebe,

— Leistungsaufnahmen der elektrischen Komponenten,

— Adressierungskonzept,

— Brandschutzkonzept,

— Störungsmelde- und Störungsmeldeweiterleitungskonzepte,

— Visualisierungskonzept.

---

[1] Autor: VDI – Gesellschaft Bauen und Gebäudetechnik, VDI-Platz 1, 40468 Düsseldorf, www.vdi.de. Zu beziehen durch: Beuth Verlag GmbH, 10772 Berlin, www.beuth.de.

DIN 18386:2016-09

3.1.4 Der Auftragnehmer hat nach den Planungsunterlagen und Berechnungen des Auftraggebers die für die Ausführung erforderlichen Montage- und Werkstattzeichnungen zu erbringen und, soweit erforderlich, mit dem Auftraggeber abzustimmen. Dazu gehören insbesondere:

— Automationsschemata mit Darstellung der wesentlichen Funktionen auf Basis der Anlagenschemata entsprechend Anlagenplanung,

— Stromlaufpläne nach DIN EN 61082-1 (VDE 0040-1) „Dokumente der Elektrotechnik — Teil 1: Regeln",

— Automationsstations-Belegungspläne einschließlich Adressierung,

— Übersichtsplan mit Eintragung der Standorte der Bedieneinrichtungen und Informationsschwerpunkte,

— Funktionsbeschreibungen,

— Montagepläne mit Einbauorten der Feldgeräte,

— Kabellisten mit Funktionszuordnung und Leistungsangaben,

— Stücklisten.

3.1.5 Der Auftragnehmer hat dem Auftraggeber vor Beginn der Montagearbeiten alle Angaben zu machen, die für den ungehinderten Einbau und ordnungsgemäßen Betrieb der Anlage notwendig sind.

3.1.6 Der Auftragnehmer hat bei der Prüfung der vom Auftraggeber gelieferten Planungsunterlagen und Berechnungen (siehe § 3 Abs. 3 VOB/B) u. a. hinsichtlich der Beschaffenheit und Funktion der Anlage insbesondere zu achten auf:

— Vollständigkeit der Funktionslisten,

— Vollständigkeit der Auslegungsdaten und Parameter,

— Funktionsbeschreibungen,

— Messbereichsangaben von Mess- und Grenzwertgebern,

— Anlagenschemata,

— Adressierungskonzept,

— Visualisierungskonzept,

— Bedienungskonzept,

— Auslegung der hydraulischen Stellglieder,

— brandschutztechnische Anforderungen.

3.1.7 Als Bedenken nach § 4 Abs. 3 VOB/B können insbesondere in Betracht kommen:

— Unstimmigkeiten in den vom Auftraggeber gelieferten Planungsunterlagen und Berechnungen (siehe Abschnitt 3.1.6),

— unzureichender Platz für die Bauteile,

— unzureichender Überspannungsschutz,

8

DIN 18386:2016-09

— Störeinflüsse durch elektromagnetische Felder,
— offensichtlich mangelhafte Ausführung, nicht rechtzeitige Fertigstellung oder Fehlen von notwendigen bauseitigen Vorleistungen.

3.1.8 Stemm-, Fräs- und Bohrarbeiten am Bauwerk dürfen nur im Einvernehmen mit dem Auftraggeber ausgeführt werden.

3.1.9 Anzeigegeräte müssen gut ablesbar, zu betätigende Geräte leicht zugänglich und bedienbar sein.

3.1.10 Geräte, die zu inspizieren und zu warten sind, müssen zugänglich sein.

3.2 Anzeige, Erlaubnis, Genehmigung und Prüfung

Die für die behördlich vorgeschriebenen Anzeigen oder Anträge notwendigen zeichnerischen und sonstigen Unterlagen sowie Bescheinigungen sind vom Auftragnehmer entsprechend der für die Anzeige-, Erlaubnis- oder Genehmigungspflicht vorgeschriebenen Anzahl dem Auftraggeber rechtzeitig zur Verfügung zu stellen.

Dies gilt nicht, wenn die Prüfvorschriften für Anlagenteile eine dauerhafte Kennzeichnung statt einer Bescheinigung zulassen.

3.3 Inbetriebnahme und Einregulierung

3.3.1 Die Anlagenteile sind so einzustellen, dass die geforderten Funktionen und Leistungen erbracht und die gesetzlichen Bestimmungen erfüllt werden.

Dazu sind alle physikalischen Ein- und Ausgänge einzeln zu überprüfen, die vorgegebenen Parameter einzustellen und die geforderten Ein- und Ausgabe- sowie Verarbeitungsfunktionen sicherzustellen.

3.3.2 Die Inbetriebnahme und die Einregulierung der Anlage und Anlagenteile sind, soweit erforderlich, gemeinsam mit Verantwortlichen der beteiligten Leistungsbereiche durchzuführen. Inbetriebnahme und Einregulierung sind durch Protokolle mit Mess- und Einstellwerten zu belegen.

3.3.3 Das Bedienungspersonal für das System ist durch den Auftragnehmer einmal einzuweisen. Die Einweisung ist zu dokumentieren.

3.4 Abnahmeprüfung

3.4.1 Es ist eine Abnahmeprüfung, die aus Vollständigkeits- und Funktionsprüfung besteht, durchzuführen.

3.4.2 Die Funktionsprüfung umfasst insbesondere:
— Prüfung der Protokolle der Inbetriebnahme und Einregulierung,

9

DIN 18386:2016-09

— stichprobenartige Prüfung von Automationsfunktionen, z. B. Regel-, Sicher-
heits-, Optimierungs- und Kommunikationsfunktionen,

— stichprobenartige Einzelprüfungen von Meldungen, Schaltbefehlen, Messwerten, Stellbefehlen, Zählwerten, abgeleiteten und berechneten Werten,

— Prüfung der Systemreaktionszeiten,

— Prüfung der Systemeigenüberwachung,

— Prüfung des Systemverhaltens nach Netzausfall und Netzwiederkehr.

3.5 Mitzuliefernde Unterlagen

Der Auftragnehmer hat im Rahmen seines Leistungsumfanges folgende
Unterlagen aufzustellen und dem Auftraggeber spätestens bei der Abnahme in
geordneter und aktualisierter Form zu übergeben:

— Automationsschemata,

— Stromlaufpläne nach DIN EN 61082-1 (VDE 0040-1),

— Automationsstations-Belegungspläne einschließlich Adressierung,

— Verbindungsschaltplan nach DIN EN 61082-1 (VDE 0040-1),

— Übersichtsplan mit Eintragung der Standorte der Bedieneinrichtungen und
Informationsschwerpunkte,

— Stücklisten,

— Funktionsbeschreibungen,

— Protokolle der Inbetriebnahme und Einregulierung,

— alle für einen sicheren und wirtschaftlichen Betrieb erforderlichen Bedie-
nungsanleitungen und Wartungshinweise,

— Ersatzteillisten,

— projektspezifische Programme und Daten auf Datenträgern,

— Protokoll über die Einweisung des Bedienpersonals,

— vorgeschriebene Werk- und Prüfbescheinigungen,

— Sollwerte, Grenzwerte und Betriebszeiten,

— Anlagenschemata,

— Funktionslisten,

— Kabellisten mit Funktionszuordnung und Leistungsangaben.

Die Unterlagen sind in einfarbiger Darstellung und in dreifacher Ausfertigung,
Zeichnungen und Listen nach Wahl des Auftraggebers auch in einfacher Ausfertigung kopierfähig oder auf Datenträgern auszuhändigen. Die projektspezifischen Programme und Daten sind in zweifacher Ausfertigung auf Datenträgern
zu liefern.

10

4 Nebenleistungen, Besondere Leistungen

4.1 Nebenleistungen sind ergänzend zur ATV DIN 18299, Abschnitt 4.1, insbesondere:

4.1.1 Anzeichnen der Aussparungen, auch wenn diese von einem anderen Unternehmer hergestellt werden.

4.1.2 Auf-, Um- und Abbauen sowie Vorhalten von Gerüsten für eigene Leistungen, sofern der Montageort nicht höher als 3,50 m über der Standfläche des hierfür erforderlichen Gerüstes liegt.

4.1.3 Ausgleichen abgestufter oder geneigter Standflächen von Gerüsten bis zu 40 cm Höhenunterschied, z. B. über Treppen oder Rampen.

4.1.4 Bohr-, Stemm- und Fräsarbeiten für das Einsetzen von Dübeln und für den Einbau von Installationen, z. B. Unterputzdosen.

4.1.5 Liefern und Anbringen der Typ- und Leistungsschilder.

4.1.6 Fertigstellen von Bauteilen in mehreren Arbeitsgängen zur Ermöglichung von Arbeiten anderer Unternehmer, soweit die eigenen Leistungen im Zuge gleichartiger Montagearbeiten kontinuierlich erbracht werden können. Sind diese Voraussetzungen nicht gegeben, handelt es sich um Besondere Leistungen nach Abschnitt 4.2.16.

4.2 Besondere Leistungen sind ergänzend zur ATV DIN 18299, Abschnitt 4.2, z. B.:

4.2.1 Planungsleistungen wie Entwurfs-, Ausführungs- oder Genehmigungsplanung, Leerrohr- und Aussparungsplanung.

4.2.2 Vorhalten von Aufenthalts- und Lagerräumen, wenn der Auftraggeber Räume, die leicht verschließbar gemacht werden können, nicht zur Verfügung stellt.

4.2.3 Auf-, Um- und Abbauen sowie Vorhalten von Gerüsten für Leistungen anderer Unternehmer.

4.2.4 Auf-, Um- und Abbauen sowie Vorhalten von Gerüsten für eigene Leistungen, sofern der Montageort höher als 3,50 m über der Standfläche des hierfür erforderlichen Gerüstes liegt.

4.2.5 Auf-, Um- und Abbauen sowie Vorhalten von Gerüsten mit abgestufter oder geneigter Standfläche, z. B. über Treppen oder Rampen, sofern ein Ausgleich von mehr als 40 cm erforderlich ist.

4.2.6 Liefern und Einbauen besonderer Befestigungskonstruktionen, z. B. Konsolen, Stützgerüste.

DIN 18386:2016-09

4.2.7 Prüfen der nicht vom Auftragnehmer ausgeführten elektrischen Verkabelung und pneumatischen Verrohrung der Steuer- oder Regelanlage.

4.2.8 Bohr-, Stemm- und Fräsarbeiten für die Befestigung von Konsolen und Halterungen. Herstellen und Schließen von Aussparungen.

4.2.9 Liefern und Befestigen der Funktions-, Bezeichnungs- und Hinweisschilder.

4.2.10 Liefern der für Inbetriebnahme, Einregulierung und Probebetrieb notwendigen Betriebsstoffe.

4.2.11 Leistungen für provisorische Maßnahmen zum vorzeitigen Betreiben der Anlage oder von Anlageteilen vor der Abnahme nach Anordnung des Auftraggebers, einschließlich der erforderlichen Instandhaltungsleistungen.

4.2.12 Betreiben der Anlage oder von Anlagenteilen vor der Abnahme nach Anordnung des Auftraggebers einschließlich der erforderlichen Instandhaltungsleistungen.

4.2.13 Schulungsmaßnahmen und Einweisungen über die Leistungen nach Abschnitt 3.3.3 hinaus.

4.2.14 Erstellen von Bestandsplänen.

4.2.15 Übernahme der Gebühren für behördlich vorgeschriebene Abnahmeprüfungen.

4.2.16 Fertigstellen von Bauteilen in mehreren Arbeitsgängen zur Ermöglichung von Arbeiten anderer Unternehmer, soweit die eigenen Leistungen im Zuge gleichartiger Montagearbeiten nicht kontinuierlich erbracht werden können (siehe Abschnitt 4.1.6).

5 Abrechnung

Ergänzend zur ATV DIN 18299, Abschnitt 5, gilt:

5.1 Allgemeines

Der Ermittlung der Leistung — gleichgültig, ob sie nach Zeichnung oder nach Aufmaß erfolgt — sind die Maße der Anlagenteile der hergestellten Anlagen zugrunde zu legen. Wird die Leistung aus Zeichnungen ermittelt, dürfen Stück- und Belegungslisten, aktualisierte Funktionslisten und Systemprotokolle hinzugezogen werden.

5.2 Ermittlung der Maße/Mengen

5.2.1 Kabel, Leitungen, Drähte, Rohre sowie Bauteile von Verlegesystemen werden nach der tatsächlich verlegten Länge gerechnet.

12

DIN 18386:2016-09

5.2.2 Funktionen einschließlich Software werden nach Stück gerechnet, entpsprechend den Funktionslisten nach DIN EN ISO 16484-3 und VDI 3813 Blatt 2[1]

5.3 Übermessungsregeln

Keine Regelungen.

5.4 Einzelregelungen

Keine Regelungen.

---

[1] Autor: VDI – Gesellschaft Bauen und Gebäudetechnik, VDI-Platz 1, 40468 Düsseldorf, www.vdi.de. Zu beziehen durch: Beuth Verlag GmbH, 10772 Berlin, www.beuth.de.

13

Verordnung über Sicherheit und Gesundheitsschutz auf Baustellen (Baustellenverordnung – BaustellV)

vom 10. Juni 1998 (BGBl. I S. 1283)
(Zuletzt geändert durch Art. 3 Abs. 2 V v. 15.11.2016 I 2549)

Eingangsformel

Auf Grund des § 19 des Arbeitsschutzgesetzes vom 7. August 1996 (BGBl. I S. 1246) verordnet die Bundesregierung:

§ 1 Ziele, Begriffe

(1) Diese Verordnung dient der wesentlichen Verbesserung von Sicherheit und Gesundheitsschutz der Beschäftigten auf Baustellen.

(2) Die Verordnung gilt nicht für Tätigkeiten und Einrichtungen im Sinne des § 2 des Bundesberggesetzes.

(3) Baustelle im Sinne dieser Verordnung ist der Ort, an dem ein Bauvorhaben ausgeführt wird. Ein Bauvorhaben ist das Vorhaben, eine oder mehrere bauliche Anlagen zu errichten, zu ändern oder abzubrechen.

§ 2 Planung der Ausführung des Bauvorhabens

(1) Bei der Planung der Ausführung eines Bauvorhabens, insbesondere bei der Einteilung der Arbeiten, die gleichzeitig oder nacheinander durchgeführt werden, und bei der Bemessung der Ausführungszeiten für diese Arbeiten, sind die allgemeinen Grundsätze nach § 4 des Arbeitsschutzgesetzes zu berücksichtigen.

(2) Für jede Baustelle, bei der

1. die voraussichtliche Dauer der Arbeiten mehr als 30 Arbeitstage beträgt und auf der mehr als 20 Beschäftigte gleichzeitig tätig werden, oder

2. der Umfang der Arbeiten voraussichtlich 500 Personentage überschreitet,

ist der zuständigen Behörde spätestens zwei Wochen vor Einrichtung der Baustelle eine Vorankündigung zu übermitteln, die mindestens die Angaben nach Anhang I enthält. Die Vorankündigung ist sichtbar auf der Baustelle auszuhängen und bei erheblichen Änderungen anzupassen.

(3)   Ist für eine Baustelle, auf der Beschäftigte mehrerer Arbeitgeber tätig werden, eine Vorankündigung zu übermitteln, oder werden auf einer Baustelle, auf der Beschäftigte mehrerer Arbeitgeber tätig werden, besonders gefährliche Arbeiten nach Anhang II ausgeführt, so ist dafür zu sorgen, daß vor Einrichtung der Baustelle ein Sicherheits- und Gesundheitsschutzplan erstellt wird. Der Plan muß die für die betreffende Baustelle anzuwendenden Arbeitsschutzbestimmungen erkennen lassen und besondere Maßnahmen für die besonders gefährlichen Arbeiten nach Anhang II enthalten. Erforderlichenfalls sind bei Erstellung des Planes betriebliche Tätigkeiten auf dem Gelände zu berücksichtigen.

§ 3   Koordinierung

(1)   Für Baustellen, auf denen Beschäftigte mehrerer Arbeitgeber tätig werden, sind ein oder mehrere geeignete Koordinatoren zu bestellen. Der Bauherr oder der von ihm nach § 4 beauftragte Dritte kann die Aufgaben des Koordinators selbst wahrnehmen.

(1a)   Der Bauherr oder der von ihm beauftragte Dritte wird durch die Beauftragung geeigneter Koordinatoren nicht von seiner Verantwortung entbunden.

(2)   Während der Planung der Ausführung des Bauvorhabens hat der Koordinator

1. die in § 2 Abs. 1 vorgesehenen Maßnahmen zu koordinieren,

2. den Sicherheits- und Gesundheitsschutzplan auszuarbeiten oder ausarbeiten zu lassen und

3. eine Unterlage mit den erforderlichen, bei möglichen späteren Arbeiten an der baulichen Anlage zu berücksichtigenden Angaben zur Sicherheit und Gesundheitsschutz zusammenzustellen.

(3)   Während der Ausführung des Bauvorhabens hat der Koordinator

1. die Anwendung der allgemeinen Grundsätze nach § 4 des Arbeitsschutzgesetzes zu koordinieren,

2. darauf zu achten, daß die Arbeitgeber und die Unternehmer ohne Beschäftigte ihre Pflichten nach dieser Verordnung erfüllen,

3. den Sicherheits- und Gesundheitsschutzplan bei erheblichen Änderungen in der Ausführung des Bauvorhabens anzupassen oder anpassen zu lassen,

4. die Zusammenarbeit der Arbeitgeber zu organisieren und

5. die Überwachung der ordnungsgemäßen Anwendung der Arbeitsverfahren durch die Arbeitgeber zu koordinieren.

§ 4 Beauftragung

Die Maßnahmen nach § 2 und § 3 Abs. 1 Satz 1 hat der Bauherr zu treffen, es sei denn, er beauftragt einen Dritten, diese Maßnahmen in eigener Verantwortung zu treffen.

§ 5 Pflichten der Arbeitgeber

(1) Die Arbeitgeber haben bei der Ausführung der Arbeiten die erforderlichen Maßnahmen des Arbeitsschutzes insbesondere in bezug auf die

1. Instandhaltung der Arbeitsmittel,

2. Vorkehrungen zur Lagerung und Entsorgung der Arbeitsstoffe und Abfälle, insbesondere der Gefahrstoffe,

3. Anpassung der Ausführungszeiten für die Arbeiten unter Berücksichtigung der Gegebenheiten auf der Baustelle,

4. Zusammenarbeit zwischen Arbeitgebern und Unternehmern ohne Beschäftigte,

5. Wechselwirkungen zwischen den Arbeiten auf der Baustelle und anderen betrieblichen Tätigkeiten auf dem Gelände, auf dem oder in dessen Nähe die erstgenannten Arbeiten ausgeführt werden,

zu treffen sowie die Hinweise des Koordinators und den Sicherheits- und Gesundheitsschutzplan zu berücksichtigen.

(2) Die Arbeitgeber haben die Beschäftigten in verständlicher Form und Sprache über die sie betreffenden Schutzmaßnahmen zu informieren.

(3) Die Verantwortlichkeit der Arbeitgeber für die Erfüllung ihrer Arbeitsschutzpflichten wird durch die Maßnahmen nach den §§ 2 und 3 nicht berührt.

§ 6 Pflichten sonstiger Personen

Zur Gewährleistung von Sicherheit und Gesundheitsschutz der Beschäftigten haben auch die auf einer Baustelle tätigen Unternehmer ohne Beschäftigte die bei den Arbeiten anzuwendenden Arbeitsschutzvorschriften einzuhalten. Sie haben die Hinweise des Koordinators sowie den Sicherheits- und Gesundheitsschutzplan zu berücksichtigen. Die Sätze 1 und 2 gelten auch für Arbeitgeber, die selbst auf der Baustelle tätig sind.

§ 7 Ordnungswidrigkeiten und Strafvorschriften

(1) Ordnungswidrig im Sinne des § 25 Abs. 1 Nr. 1 des Arbeitsschutzgesetzes handelt, wer vorsätzlich oder fahrlässig

1. entgegen § 2 Abs. 2 Satz 1 in Verbindung mit § 4 der zuständigen Behörde eine Vorankündigung nicht, nicht richtig, nicht vollständig oder nicht rechtzeitig übermittelt, oder

2. entgegen § 2 Abs. 3 Satz 1 in Verbindung mit § 4 nicht dafür sorgt, daß vor Einrichtung der Baustelle ein Sicherheits- und Gesundheitsschutzplan erstellt wird.

(2) Wer durch eine im Absatz 1 bezeichnete vorsätzliche Handlung Leben oder Gesundheit eines Beschäftigten gefährdet, ist nach § 26 Nr. 2 des Arbeitsschutzgesetzes strafbar.

§ 8 Inkrafttreten

(1) Diese Verordnung tritt am ersten Tage des auf die Verkündung folgenden Kalendermonats in Kraft.

(2) Für Bauvorhaben, mit deren Ausführung bereits vor dem 1. Juli 1998 begonnen worden ist, bleiben die bisherigen Vorschriften maßgebend.

Schlußformel

Der Bundesrat hat zugestimmt.

Anhang I

Fundstelle des Originaltextes: BGBl. I 1998, 1285

1. Ort der Baustelle,

2. Name und Anschrift des Bauherrn,

3. Art des Bauvorhabens,

4. Name und Anschrift des anstelle des Bauherrn verantwortlichen Dritten,

5. Name und Anschrift des Koordinators,

6. voraussichtlicher Beginn und voraussichtliche Dauer der Arbeiten,

7. voraussichtliche Höchstzahl der Beschäftigten auf der Baustelle,

8. Zahl der Arbeitgeber und Unternehmer ohne Beschäftigte, die voraussichtlich auf der Baustelle tätig werden,

9. Angabe der bereits ausgewählten Arbeitgeber und Unternehmer ohne Beschäftigte.

Anhang II

(Fundstelle des Originaltextes: BGBl. I 1998, 1285;
bzgl. der einzelnen Änderungen vgl. Fußnote)

Besonders gefährliche Arbeiten im Sinne des § 2 Abs. 3 sind:

1. Arbeiten, bei denen die Beschäftigten der Gefahr des Versinkens, des Verschüttetwerdens in Baugruben oder in Gräben mit einer Tiefe von mehr als 5 m oder des Absturzes aus einer Höhe von mehr als 7 m ausgesetzt sind,

2. Arbeiten, bei denen Beschäftigte ausgesetzt sind gegenüber

   a) biologischen Arbeitsstoffen der Risikogruppen 3 oder 4 im Sinne der Biostoffverordnung oder

   b) Stoffen oder Gemischen im Sinne der Gefahrstoffverordnung, die eingestuft sind als

      aa) akut toxisch Kategorie 1 oder 2,

      bb) krebserzeugend, keimzellmutagen oder reproduktionstoxisch jeweils Kategorie 1A oder 1B,

      cc) entzündbare Flüssigkeit Kategorie 1 oder 2,

      dd) explosiv oder

      ee) Erzeugnis mit Explosivstoff,

3. Arbeiten mit ionisierenden Strahlungen, die die Festlegung von Kontroll- oder Überwachungsbereichen im Sinne der Strahlenschutz- sowie im Sinne der Röntgenverordnung erfordern,

4. Arbeiten in einem geringeren Abstand als 5 m von Hochspannungsleitungen,

5. Arbeiten, bei denen die unmittelbare Gefahr des Ertrinkens besteht,

6. Brunnenbau, unterirdische Erdarbeiten und Tunnelbau,

7. Arbeiten mit Tauchgeräten,

8. Arbeiten in Druckluft,

9. Arbeiten, bei denen Sprengstoff oder Sprengschnüre eingesetzt werden,

10. Aufbau oder Abbau von Massivbauelementen mit mehr als 10 t Einzelgewicht.

Weitere, relevante Gesetze, Normen und Richtlinien

Richtlinie über die klassische öffentliche Auftragsvergabe

Die RICHTLINIE 2014/24/EU DES EUROPÄISCHEN PARLAMENTS UND DES RATES vom 26. Februar 2014 über die öffentliche Auftragsvergabe und zur Aufhebung der Richtlinie 2004/18/EG beschreibt, dass die Vergabe öffentlicher Aufträge im Einklang mit den im Vertrag über die Arbeitsweise der Europäischen Union (AEUV) niedergelegten Grundsätzen zu erfolgen hat. Wenn der Auftragswert öffentlicher Aufträge über bestimmte Schwellen hinausgeht, sollten für öffentliche Aufträge Vorschriften zur Koordinierung der nationalen Vergabeverfahren festgelegt werden, um zu gewährleisten, dass diese Grundsätze praktische Geltung erlangen und dass das öffentliche Auftragswesen für den Wettbewerb geöffnet wird. Die öffentliche Auftragsvergabe soll als marktwirtschaftliches Instrument dienen, um Wachstum der Wirtschaft bei gleichzeitiger Gewährleistung eines möglichst effizienten Einsatzes öffentlicher Gelder zu generieren. Die nationale Umsetzung ist durch die VOB/A-EU erfolgt.

Verordnung über die Vergabe öffentlicher Aufträge (VgV)

Die Verordnung über die Vergabe öffentlicher Aufträge (VgV) enthält grundlegende Bestimmungen über die Verfahrensvorschriften bei der öffentlichen Auftragsvergabe und die Nachprüfungsverfahren. Mit der VgV wurden wichtige EU-Richtlinien umgesetzt.

Gesetz gegen Wettbewerbsbeschränkung (GWB)

Das Gesetz gegen Wettbewerbsbeschränkungen ist das zentrale Regelwerk des deutschen Kartell-, Wettbewerbs- und Vergaberechts. Das GWB enthält insbesondere die allgemeinen Grundsätze, die bei der Auftragsvergabe zu beachten sind (wie z. B. das Diskriminierungsverbot).

Vergabegesetze der Bundesländer

In einigen Bundesländern wurden Gesetze für Vergaben öffentlicher Aufträge in den jeweiligen Bundesländern eingeführt, um das Gesetz gegen Wettbewerbsbeschränkungen umzusetzen. Zum Beispiel in Berlin, Brandenburg und Hamburg gelten solche Gesetze.

Einheitliche Europäische Eigenerklärung (EEE)

Die Europäische Kommission veröffentlichte Anfang 2016 eine Durchführungs-
verordnung zur Einführung eines Standardformulars für die Einheitliche Europäische Eigenerklärung (EEE). Mit dieser Eigenerklärung wird es Unternehmen
ermöglicht, an Ausschreibungen teilzunehmen, ohne dabei alle Nachweise der
Eignung einreichen zu müssen.

Öffentliche Ausschreibung nach VOB/A

Gemäß VOB Teil A muss eine öffentliche Ausschreibung stattfinden, soweit
nicht die Eigenart der Leistung oder besondere Umstände eine Abweichung
rechtfertigen. Es gelten folgende Grenzen (ohne Umsatzsteuer) für beschränkte
Ausschreibungen im Bund:

a) 50 000 Euro für Ausbaugewerke (ohne Energie- und Gebäudetechnik), Land-
   schaftsbau und Straßenausstattung,

b) 150 000 Euro für Tief-, Verkehrswege- und Ingenieurbau,

c) 100 000 Euro für alle übrigen Gewerke.

In besonderen Fällen kann auch eine freihändige Vergabe nach VOB Teil A
erfolgen.

VOB/B

Die Vergabe- und Vertragsordnung für Bauleistungen, Teil B – Allgemeine Vertragsbedingungen für die Ausführung von Bauleistungen (VOB/B), beinhaltet
allgemeine Vertragsbedingungen für Bauleistungen. Die VOB/B ist die Grundlage für nahezu alle öffentlichen Bauverträge. Sie wird auch häufig in der privaten Wirtschaft als rechtliches Regelwerk verwendet. Sie ist kein Gesetz und
bedarf daher der vertraglichen Einbeziehung in das Vertragsverhältnis. Gemäß
§ 1 Abs. 1 Satz 2 VOB/B gelten dann auch die Allgemeinen Technischen Ver-
tragsbestimmungen für Bauleistungen – VOB/C im Vertragsverhältnis.

Anerkannte Regeln der Technik der Gebäudeautomation

Um die ATV der Gebäudeautomation in der täglichen Praxis zu benutzen, hier
eine Aufstellung der wichtigsten Regeln der Technik für Gebäudeautomation,
auf die sich die ATV zum Teil auch direkt bezieht:

DIN EN ISO 16484-1 Systeme der Gebäudeautomation (GA) – Teil 1: Projektplanung und -ausführung

DIN EN ISO 16484-2 Systeme der Gebäudeautomation (GA) – Teil 2: Hardware

DIN EN ISO 16484-3 Systeme der Gebäudeautomation (GA) – Teil 3: Funktionen

DIN EN ISO 16484-5 Systeme der Gebäudeautomation – Teil 5: Datenkommunikationsprotokoll

DIN EN ISO 16484-6 Systeme der Gebäudeautomation – Teil 6: Datenübertragungsprotokoll – Konformitätsprüfung

DIN EN 15232 Energieeffizienz von Gebäuden – Einfluss von Gebäudeautomation und Gebäudemanagement

VDI 3814 Blatt 1 „Gebäudeautomation (GA) – Systemgrundlagen"

VDI 3814 Blatt 2 „Gebäudeautomation (GA) – Gesetze, Verordnungen, Technische Regeln"

VDI 3814 Blatt 3 „Gebäudeautomation (GA) – Hinweise für das Gebäudemanagement – Planung, Betrieb und Instandhaltung"

VDI 3814 Blatt 5 „Gebäudeautomation (GA) – Hinweise zur Systemintegration"

VDI 3814 Blatt 6 „Gebäudeautomation (GA) – Grafische Darstellung von Steuerungsaufgaben"

VDI 3814 Blatt 7 „Gebäudeautomation (GA) – Gestaltung von Benutzeroberflächen"

VDI 3813 Blatt 1 Gebäudeautomation (GA) – Grundlagen der Raumautomation

VDI 3813 Blatt 2 Gebäudeautomation (GA) – Raumautomationsfunktionen (RA-Funktionen)

VDI 3813 Blatt 3 Gebäudeautomation (GA) – Anwendungsbeispiele für Raumtypen und Funktionsmakros in der Raumautomation

Abkürzungsverzeichnis

AN   Arbeitnehmer

AG   Arbeitgeber

ATV   Allgemeine Technische Vertragsbedingung

DIN   Deutsches Institut für Normung

VDI   Verein Deutscher Ingenieure

VOB   Vergabe- und Vertragsordnung

EN   Europäische Norm

ISO   Internationale Organisation für Normung

Literaturverzeichnis

[1] Richtlinie 2014/24/EU des Europäischen Parlaments und Rates vom 26. Februar 2014 über die öffentliche Auftragsvergabe und zur Aufhebung der Richtlinie 2004/18/EG

[2] Baustellenverordnung BaustellV

[3] ATV DIN 18299 Allgemeine Technische Vertragsbedingungen für Bauleistungen (ATV)

[4] ATV DIN 18386 Allgemeine Technische Vertragsbedingungen für Bauleistungen (ATV) – Gebäudeautomation

[5] Kommentar VOB Teil C Gebäudeautomation, Lang, Baumann, Brickmann/ Dezember 2000 ISBN 978-3-410-14704-6

[6] Gesetz gegen Wettbewerbsbeschränkungen GWB

[7] Systeme der Gebäudeautomation, Jörg Balow, 2016, CCI-Dialog GmbH, ISBN 13-978-3410258445

[8] Vergabe- und Vertragsordnung für Bauleistungen VOB, Ausgabe 2016, Beuth Verlag GmbH, ISBN 978-3-410-61293-3

[9] Vergabeverordnung VgV

[10] Kampfmittelräumarbeiten – Kommentar zu VOB/C ATV DIN 18299 und ATV DIN 18323, Rainald Häber/Wolf-Michael Sack, Beuth Verlag GmbH, ISBN 978-3-410-22559-1